미생물 생태학

이원재 성희경 김무찬
강창근 정성윤 공저

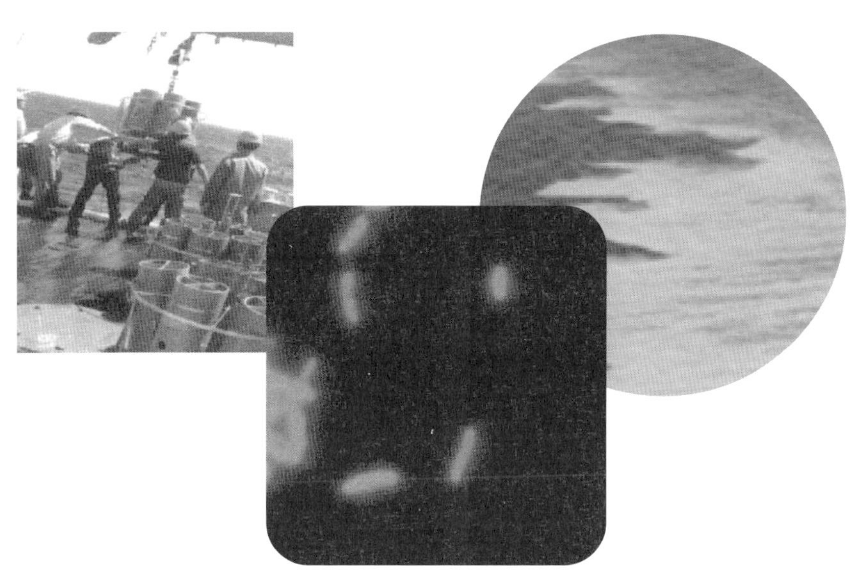

미생물 생태학

인 쇄 ‖ 2007년 8월 25일
발 행 ‖ 2007년 9월 5일
편저자 ‖ 이원재 성희경 김무찬 강창근 정성윤
편 집 ‖ 이은경
표 지 ‖ 김영욱
발행인 ‖ 박선진
발행처 ‖ 도서출판 월드사이언스
주 소 ‖ 서울특별시 동작구 사당5동 240-15
등록일자 ‖ 1987년 12월 14일
등록번호 ‖ 3-136
TEL ‖ (02) 581-5811~3
FAX ‖ (02) 521-6418
E-mail ‖ worldscience@hanmail.net
URL ‖ http://www.worldscience.co.kr

정가 ‖ 8,000원
ISBN ‖ 978-89-5881-100-8

이 도서의 국립중앙도서관 출판시도서목록(CIP)은 e-CIP 홈페이지
(http://www.nl.go.kr/cip.php)에서 이용하실 수 있습니다.
(CIP제어번호: CIP2007002655)

Preface

머리말

미생물들은 일반적으로 서식하고 있는 그들의 환경 즉 물리적, 화학적, 생물학적 요인들과 상호작용 관계를 가지면서 살아간다. 이러한 환경 속에는 고온, 저온, 고염, 저염, 산소가 많은 곳이나, 산소가 극히 적거나 산소가 전혀 없는 곳, 부영양(富榮養)이나 빈영양(貧榮養), 고압, 초고온, 강알칼리성이나 강산성인 특수한 조건을 가진 환경도 있다. 일반적으로 이와 같이 다양하고도 특수한 환경에서도 많은 생물들이 서식하고 있다. 특히 미생물들은 다양한 환경 속에서도 잘 적응하면서 서식하고 있는 종들이 많이 있다. 미생물들은 그들이 서식하고 있는 자연환경 속에서 유기물질 분해, 생성 및 물질순환 등 생태계에서 매우 중요한 역할을 한다.

생태학이란 그리스어 "oikos(집 또는 거주 장소)와 logos(법 또는 법칙)"에서 유래되었다고 한다. 그러므로 생태학은 "거주 장소의 법칙"이란 뜻이며 현재 정의에 의하면 생물과 그들이 서식하고 있는 주변의 생물학적 환경과 상호작용을 연구하는 학문이라고 설명할 수 있다. 특히 자연환경에서 미생물과 그들 주변의 미생물학적 환경과 상호작용을 연구하는 학문이 미생물 생태학이다. 이러한 역할을 하고 있는 미생물에 대한 연구는 1960년대 초에 등장하여 1970년대 후반기에 생태학이란 개념이 확립되었고, 경제적인 성장, 인구의 증가 등으로 인한 환경오염으로 생태계에 서서히 변화를 가져오게 됨을 알게 되었고 여기에 중요한 역할을 하고 있는 것이 미생물인 것을 인식하게 되었다. 1980년대 들어서 생태학의 중요성을 느끼고 미생물 생태 연구에 관심을 두게 된 연구자들이 늘어남으로써, 급진적인 발전을 가져오게 되었다. 따라서 환경문제가 제기될 때마다 항상 문제되는 것이 경제개발과 환경보전 즉 자연환경의 생태적인 변화가 없는 상태를 유지시키는 것, 현세대가 앞으로 살아갈 세대의 필요를 충족시킬 능력을 저해하지 않으면서 현세대의 필요를 충족시킬 방향으로의 개발을 하는 것이다. 1970년대 유전공학의 확립과 1980년대 단백질 공학의 탄생으로 PCR(polymerase chain reaction)법을 이용하여 특정의 DNA단편을 시험관내에서 100만 배 이상으로 증폭시키는 기술도 개발되었고, 과거에 배양이나 미지의 문제들을 해결하는 데 큰 발전을 가져 왔고, 친환경적인 연구도 진행되어 미생물을 이용하는 생명공학의 발전과 함께 미생물 생태분야도 많은 발전을 가져오게 되었다.

본 교재에서 제1장은 미생물 생태학의 정의, 역사, 진화, 상호작용, 방법론 및 연구의 기본자세 등 총론적인 내용을 수록하였고, 제2장은 미생물 생태와 환경에 관하여 수계생태계, 토양생태계, 대기 중의 미생물생태계 등으로 구분하여 수록하였고, 제3장은 생물환경의 특징과 상호작용에 관하여 제4장은 생. 지화학적 순환관계, 제5장은 환경오염과 생태계로서 대기오염, 수질오염, 폐기물, 토양, 환경 호르몬 등에 관하여 설명하였다. 제6장은 생태계에 있어서 미생물의 이용에 관하여, 제7장은 미생물의 생태연구법으로 미생물의 배양법, 직접계수법, 미생물 현존량 측정법, 생물학적 통계분석법으로 데이터 수집, 집괴분석 등 통계적인 기본처리를 수록하였다. 또한 각 장마다 연습문제를 두어 각 장의 보다 철저한 이해를 돕고자 하였다. 본 교재의 내용은 지금까지 발간된 미생물 생태학에 관련된 저서, 특히 "Microbial Ecology(Ronald M. Atlas & Richard Bartha, 3th edition)를 많이 참고 하였고, 또한 저자들의 연구실에서 국내 외에 발표한 논문 및 기타 실험 데이터 등을 많이 인용하여 수록하였다.

2007년 2월

저자 일동

Contents

차례

Contents

Contents

Contents

저자

이원재	일본, 동경대 농학박사 현) 부경대학교 미생물학과 교수
성희경	부경대학교 공학박사 현) 인제대학교 겸임교수 (주) 한국클로렐라 부사장
김무찬	일본 경도대학 이학박사 현) 경상대학교 해양환경공학과 조교수
강창근	프랑스 낭뜨대학 이학박사 현) 부산대학교 생물학과 조교수
정성윤	일본 동경대학 이학박사 현) 부산대학교 Bio-IT 사업단 연구교수

1

미생물 생태학

1.1 정의

자연환경에 서식(棲息)하고 있는 생물체를 그들의 환경과 관련시켜 연구하는 학문을 생태학(生態學)이라고 하며 생물체 중에서도 미생물과 미생물이 서식하는 그들의 자연환경과의 관계를 연구하는 학문을 미생물 생태학이라 한다. 즉 생태학이란 생물과 그들 생물이 서식하고 있는 주변 환경과의 상호작용(相互作用, interaction), 생물과 비 생물적(非生物的, abiotic)인 것의 상호작용을 연구하는 학문이다. 생물과 비 생물적 환경은 불가분의 관계가 있으며 서로 유기적으로 상호작용을 하면서 생태계(生態系)를 형성한다. 자연환경이란 대기(大氣)나 토양 또는 담수나 해수, 빙하와 최근 생태계에서 관심이 높은 심해의 초고온 환경, 남극과 북극의 극한 환경 등이 포함된다. 이런 다양한 환경에서 서식하면서 세포의 크기는 작지만 생태적으로 중요한 역할을 하고 있는 것이 미생물이다. 생물이나 미생물들은 이러한 환경에서 생태계(生態系, ecosystem)를 형성한다.

생태계(ecosystem)란 어떤 지역의 모든 생물이 물리적 환경과 상호관계를 가지며, energy의 흐름이 계(系,system)속에서 뚜렷한 영양구조, 생물의 다양성, 물질의 순환을 만들어 내고 있는 상태를 생태계라 한다. Tansely(1935)는 생태계(ecosystem)를 생물군집(生物群集)과 무기적 환경에서 성립되는 하나의 물질계라 하였고, 생물학적 군집은 생산자(生産者, producer), 소비자(消費者, consumer), 분해자(分解者, decomposer)로 구성되며, 무기적 환경은 대기(大氣), 물, 토양, 광 등이 포함되어 환경작용(環境作用, action), 환경형성 작용(環境形成作用, reaction) 또는 생물 상호작용(生物相互作用, coaction)에 의하여 동적으로 상호관계를 가진다고 하였다.

미생물은 생태계(ecosystem)라고 불리는 미생물 공동체(群集, community)의 일부분을 이루고 있다. 생태계내의 모든 미생물들은 그들의 주위 환경과 상호작용을 하며, 경우에 따라서는 생태계에 물리화학적 변화를 가져오기도 한다. 예를 들어 미생물은 대기로부터 산소, 질소, 탄소 등을 이용하고 태양 광선을 에너지원으로 이용하여, 유기물질을 생성한다. 그리고 생물체가 죽게 되면 사체(死體)를 분해하여 생성된 화학적 구성성분을 이용하여 유리된 에너지를 다시 생태계 내로 전환시켜 새로운 생물체가 생장하는데 이용하게 한다. 이와 같이 미생물은 유기물의 합성, 분해, 생성 등 물질 순환에 중요한 역할을 하고 있다.

자가영양(autotroph) 미생물은 탄산가스를 고정하여 새로운 유기물질을 합성하면서 생활한다. 또한 타가영양(heterotroph) 미생물은 유기영양 물질을 분해하여 유기물과 무기물을 재순환시키는 역할을 한다. 이것을 물질순환(物質循環)이라 한다. 이러한 작용으로 생태계에서 중요한 원소들이 산화 상태로 바뀌게 되며, 이러한 현상을 생 · 지화학적 순환(biogeochemical cycle)이라 한다. 몇 가지 중요 원소들의 경우는 미생물에 의해서만 재생되고, 이것들은 식물이 이용할 수 있는 생물학적 촉매자의 역할을 하기도 한다. 이러한 역할을 하는 미생물의 종은 어떤 것이 있으며 자연계에 얼마나 분포하고 있으며 또한 이들 미생물의 대사 활동의 특징, 생성물질 등이 무엇인가를 밝히는 연구가 생태학적 측면에서 매우 중요하다.

미생물 생태계의 구조적인 특성을 살펴보면 생물적 구성요소와 비생물적 구성요소로 나눌 수 있다.

생물적인 구성요소로서는,

1) 생산자(producer): 간단한 무기물로부터 유기물을 만들 수 있는 녹색식물 등과 같은 것들로 독립영양생물(autotroph).
2) 소비자(consumer): 소비자에는 섭취, 포식하는 종류도 있으나 거대소비자로서 다른 생물이나 유기물을 섭취하는 동물 등의 종속영양생물(heterotroph)도 여기에 속한다.
3) 분해자(decomposer): 주로 미생물로서 사체를 분해시키거나 다른 생물로부터 유기물을 분해하여 에너지를 얻는 세균, 곰팡이 등의 종속영양생물 등을 말한다.

비 생물학적 구성요소로서는,

1) 물질순환에 관여하는 C, N, CO_2, H_2O 등의 무기물.
2) 생물과 무생물을 연결하는 단백질, 탄수화물, 지방, 부식질(humic substance) 등의 유기 화합물.
3) 공기, 습도, 온도, 기타 물리적인 요소 등을 들 수 있다.

생태계의 기능적인 측면은 다음과 같은 구성요소로 되어 있다.

1) 에너지회로: 살아있는 식물을 직접 소비하는 초식생물, 현탁물질(懸濁物質, detritus)을 분해하는 미생물, 세균을 포식 또는 용균 시키는 미생물 등.
2) 먹이사슬(food chain): 생물 간의 먹고 먹히는 관계를 표현한 것으로 영양단계(榮養段階, tropic level), 복잡한 망상구조를 나타내는 먹이 망(food web) 등.
3) 시, 공간적 다양성: 생태계는 시간적(낮과 밤, 여름과 겨울 오전과 오후 등), 공간적(대기, 육상, 해상, 남극과 북극 등) 다양한 형태로 관련되어 생태적 변화가 연속된다.
4) 영양염류의 순환: 생태계 내에서 현탁물질 등의 유기물질의 분해로 인한 무기질의 이용, 기초생산물질의 증가로 인한 유기물질생산 등의 순환이 계속되는 것, 즉 생 · 지화학적 순환(生地化學的循環, biogeochemical cycle).
5) 발달과 진화: 생태계는 생물적, 비생물적 구성요소의 상호작용에 의하여 보다 안정되고 균형 잡힌 형태로 발달, 진화한다.
6) 제어(制御, control): 생물 간에 상호관계를 가지면서 생물자신의 체계를 제어할 수 있는 능력을 가지고 있어서 생태계의 균형을 형성하면서 안전성을 유지한다.

1.2 연구사

미생물 생태학의 정의는 1866년 독일의 생물학자인 Emest Heckel이 처음으로 정의하였고, 1980년대에 접어들면서 오염 등 심각해지는 환경문제와 생태계의 변화, 변동 등으로 관심이 높아짐과 동시에 생태적인 연구도 활발해졌다. 마치 1980년대부터 생태학이 생긴 것 같은 인상을 주고 있지만 실제로는 미생물이 지구상에 출현함과 동시에 생태학도 존재하였던 것이 사실이다.

미생물의 연구가 시작된 것은 17세기 중반 현미경의 발명으로 급진전을 보게 되었다. 이 기간 중 영국의 실험 철학자인 Robert Hooke는 균류와 원생동물에 대한 미생물학적 관찰 결과를 기록하였다(Hooke, 1665). 1680년에 Antonie Van Leeuwen Hoek는 효모 및 세균과 같은 미소한 생물체와 같이 이제까지 숨겨져 있던 미생물계의 복잡성과 다양성을 최초로 기록하였다. 그의 관찰결과는 상세하고도 식별(識別) 가능한 그림과 함께 일련의 편지로 기록되어 1674년부터 1723년까지 영국 왕립학회로 보내져 왕립학회의 학회보(proceedings)를 통하여 빠른 속도로 전파되었다. Leeuwen Hoek의 보고서는 우수(雨水) 중의 미생물을 관찰하여 자연에 미생물이 서식하고 있음을 증명하였고, 미생물에 대한 환경적 영향을 조사하였다. 이것은 세균에 대한 최초의 기록인 동시에 미생물 생태에 관련한 최초의 연구라 할 수 있다.

18세기에 들어서 이태리의 박물학자 Lazzaro Spallanzani는 자연발생설을 반박하면서 유기물질의 부패는 자연적으로 발생하지 않고 세포 분열에 의하여 증식하는 미세한 생물에 의해 야기된다는 실험적 증거를 제시하였다. Spallanzani는 이러한 생물들이 가열하면 파괴되며 가열 후 용기를 밀폐하면 부패를 영구히 방지할 수 있음을 증명하였다. 그러나 가열이 언제나 부패를 방지시키지는 못하였다. 당시 잘 알려지지 않았던 내생포자 때문에 가장 일관성이 없는 의외의 결과가 나왔기 때문이다. Schwann과 Tyndall은 가온 멸균한 배지에서 부패는 대기 중의 미생물에 의한 것임을 명확히 증명하였고 Louis Pasteur는 1860~1862년에 자연발생설에 관한 모든 것을 억압하였고 현미경에 의한 직접 관찰과 배양 방법에 의해 대기 중의 미생물의 역할을 입증하였다. 자연발생설을 부인하였던 관계로 영국의 물리학자 John Tyndall(1820~1893)과 Pasteur가 알게 되었고 불연속적 열처리를 함으로써 포자에 의한 식품 변질을 막을 수 있었다. 이것을 간헐적 살균법(Tyndallization)이라 한다. 이러한 살균법을 이용한 것을 Tyndall이 사용하기 일년 전인 1876년에 독일 브레슬라우(Breslau) 대학의 식물학교수 Ferdinand Julius Cohn이 *Bacillus subtilis*의 열 저항에 관하여 연구,

사진 1.1 Robert Koch

보고한 내용에 Robert Koch(*사진 1.1*)가 탄저병 원인균인 *Bacillus subtilis*의 병원성에 관하여 동일한 견해를 발표하였다. 이것이 본격적인 미생물 연구의 시작이다.

1880년에서 20세기 중엽까지 미생물 생태학 연구는 Louis Pasteur와 Robert Koch에 의하여 크게 영향을 받았다. 이들은 당시 가장 절실하고 실제적인 문제들을 해결하였다. Louis Pasteur는 화학자로서 포도 농장주, 양조업자, 증류주 제조업자 및 식초 제조업자들이 당면한 문제 해결을 위해 연구를 시작하여 1857년과 1876년 사이에 발효에 관한 원인을 규명하였다. 또한 전염성 질병이 되는 미생물의 역할을 조사하여 면역과 위생적 조치를 취하였다. 1883년에는 Koch가 미생물의 순수분리(고형배지상), 동정에 성공하였다. 처음으로 백금이(白金耳)를 사용하여 고체배지 상에서 도말법(塗抹法, streak method)으로 세균을 분리하고 형성되는 집락(集落, colony)을 반복적으로 도말하여 미생물을 순수 분리하는 법을 개발하였다. 또한 솜 마개를 사용하여 시험관에 사면배양(斜面培養, slant culture)하는 방법과 주입 평판법(注入評判法, pour plate method)으로 미생물을 순수 배양하는 방법을 창안하였다. Koch의 제자인 Hesse 부인은 고체배지를 만드는 응고제를 개량하여 처음으로 한천(agar)을 사용하였다. Koch의 다른 제자인 Petri는 petri dish라고 불리는 접시를 고안하여 미생물 분리, 조작을 더욱 편리하게 하였다. Weigert는 1875년경에 아닐린으로 조직을 염색하여 관찰하는 방법을 고안하여 Koch의 세균 존재 확인에 사용하였다. 1884년 Gram은 세균의 세포벽을 염색하여 관찰하는 Gram 염색법을 고안하였고, 이 방법은 현재에도 세균 분류 시 중요한 방법 중의 하나다.

1890년 Winogradsky는 실리카겔을 사용하여 유기물의 존재 하에서는 잘 자라지 않는 질산균을 분리하고, 암모니아의 산화에는 암모니아를 아질산으로 산화하는 *Nitrosomonas* 종류와 아질산을 질산으로 산화하는 *Nitrobacter* 종류의 세균이 관여하고 있다는 것을 밝혔다. Winogradsky와 Beijerinck는 자연계에 존재하는 여러 가지 다른 생리적 특성을 가지는 미생물을 분리하는 농화배양법(濃化培養法, 또는 集積培養法 enrichment culture technique)을 개발하였다. 이 방법으로 Beijerinck는 1910년 *Azotobacter*를 분리하였고, 1888년에는 뿌리혹박테리아인 *Rhizobium*을 발견하였다.

Oscar Brefeld(1881)는 "혼합된 균주로 작업하면 결과를 얻지 못하거나 엉뚱한 결과를 얻을 뿐이다."라고 하였다. 그는 *Penicillium glaucum*을 연구하였는데, 이러한 연구는 미생물과 생물 및 비생물적 환경과의 상호작용의 관찰인 생태적인 의미는 적다. Alexander Fleming경(1881∼1955)이 포도상 구균이 자라고 있는 배지에서 우연히 오염되어 자라난 푸른곰팡이 *Penicillium*이 구균의 생장을 억제(저해)하고 있음을

1929년에 발견하였다. 곰팡이가 생성하는 항생물질인 페니실린을 발견한 것은 생태적 상호작용 관계를 잘 보여 주는 것이다. 이것이 순수배양 시대에서 생태적 상호관계를 구명한 연구결과이다. 1839년 Saussure는 수소가스를 산화시킬 수 있는 토양의 능력을 관찰하였는데, 토양의 능력은 열을 가하거나 25%의 NaCl 용액 또는 1%의 H_2SO_4 용액을 가하면 소멸한다는 것을 20세기 초에 분리된 수소 산화 균의 존재를 모르고도 미생물에 의한 것으로 단정 지었다.

1877~1879년에 J. J. Schloesing와 A. Muntz는 폐수를 모래 칼럼(column)에 통과시킬 때 폐수 중의 암모늄염이 질산염으로 산화됨을 보고하였다. 모래 칼럼에서 질산화 작용은 클로로포름 증기로 처리하면 중지되었고, 토양 현탁액을 접종하면 재개되었다. Winogradsky는 많은 경험을 통하여 황화수소와 유황의 미생물적 산화를 기술하였고, 2가 철이온의 산화 및 미생물의 화학적 독립영양(chemoautotrophy) 개념을 확립시켰다. 여기에 사용한 모델 종은 *Beggiatoa* 종이다. 그리고 기타 혐기적 질소고정균, 질산염의 환원과 공생적 질소고정에 관한 연구에 공헌하였다. 토양미생물을 자생적 유기분해 (autochthonous humus utilizing) 세균과 자성적 기회성 (zymogenous opportunistic) 세균으로 구분하는 영양적 구분을 창안하였다.

Beijerink는 1905년 "내가 미생물학을 접근하는 방법은 정확히 말해서 미생물 생태학적인 연구이다. 예를 들면 환경조건과 이에 대응하는 특정한 생명체와의 관계에 관한 것이다."라고 말하였다. Beijerink는 공생적 호기성 질소고정 균과 비 공생적 호기성 질소고정 세균을 분리하였으며, 또한 황산염 환원균도 분리하였다. "모든 것은 모든 곳에 있을 수 있으나 환경이 선택한다."는 그의 원칙이 바로 생태이다. Winogradsky는 집적배양(enrichment culture)법을 발전시켰다.

C. B. Van Niel(1897~1985)의 세균의 광합성 영양에 대한 연구는 대단히 중요하다. 그는 광합성 유황세균과 녹색식물의 광합성 과정에 있어서 유화수소(H_2S)와 물(H_2O)의 유사성을 지적하였다. C. B. Van Niel의 제자인 Roger Stanier는 생태학적 과정에 있어서 미생물 대사의 역할을 알아내는 전통적인 연구를 수행하였으며, *Pseudomonas*에 대한 그의 연구로 복잡한 유기 화합물을 분해하는 데 있어서 미생물의 다양한 능력(versatility)을 알게 되었다.

20세기 전반기에 미생물학자들은 기본적인 생태학의 이론에 별 관심이 없었다. 단지 그동안 생태학자들이 분해, 잔재물(현탁물질, detritus) 형성, 광물질 영양염의 순환과 같은 생태학적 과정들을 경미하게 다루었을 뿐이다. 20세기 초에 개발된 몇몇 방법 중 '접촉 슬라이드법'으로 토양이나 퇴적물(sediment)에 서식하는 미생물이 자랄 수 있는 토양입자 표면과 비슷한 표면을 제공하였다. 이러한 방법으로 자연에서 미생물의 성장과 상호작용을 관찰하였다.

1960년대 초기의 생태학적 미생물학 연구는 환경 및 생태학에 대한 일반적 관심도 증가 및 방사성 추적자(radio tracer)의 이용, 미량분석 및 전자현미경 기법의 도움으로 그 속도와 범위에서 빠르게 성장하였다. 이러한 연구도 유기합성 오염물질, 합성세제와 비료 등의 유기물 유입(runoff)으로 인한 부영양화 문제, 토양과 자연수계 등에서 방사선과 오염물질 등이 미생물 증식에 주는 영향이 매우 컸기 때문이다. DDT, PCB류, 중금속, 기타 오염물질의 생물증폭(biomagnification)은 먹이망에서의 상호작용과 축적문제 등 생태계에 많은 영향을 준다.

1970년대 초에 에너지 위기와 함께 시작된 질소 비료의 부족은 공생적 및 비공생적 질소고정 과정에 대한 새롭고 강한 관심을 불러 일으켰다. 에너지 위기는 또한 미생물 이용, 유기성 폐기물 및 식물체와 같이 재생 가능한 자원으로부터 연료를 생산하는 연구를 촉진하였다. 수계의 연구로서는 1980년 *多賀信夫, 淸水潮* 등의 동경만, 서 태평양의 미생물의 생태적 역할에 관한 연구를 비롯하여, 1983년에는 李등이 미생물생태계의 상호작용관계, 먹이연쇄 등에 관한 연구, 동물플랑크톤과 세균과의 상호작용, 세균을 기초먹이사료로 사용하는 플랑크톤이나 갑각류, 연안해역의 저질중의 유기물질 분해능이 우수한 다모류(*多毛類*)와 미생물과의 관계 등에 관하여 이등(2002)의 연구결과가 보고되어 있고, 해양미생물에 의한 astaxanthin 색소생성균에 관하여 이등(2004)이 보고하였다. 해양효모가 물벼룩(*Moina macrocopa*)의 먹이에 유용하다는 이유 중의 하나로 불포화 지방산 함량의 변화관계를 강등(2006)이 안전 동위원소를 이용하여 실험한 결과를 발표하였고, 김 등(2006)도 해양효모의 물벼룩의 먹이역할에 관하여 발표하였다.

1.3 진화(進化)

1.3.1 진화의 개념

진화란 생물이 어떤 환경에서 생식을 통하여 수많은 세대를 거쳐 가는 사이에 점차적으로 형태나 기능이 달라져 조상들의 형태와는 달라지는 것을 의미한다. 이러한 진화의 현상은 화석에서 찾아 볼 수 있다. 진화의 과정을 가장 잘 증명하는 것은 생명체가 오랜 시간 동안 겪어온 급격한 변화까지 보존되어 있는 화석이다. 사체의 유기물질은 빠른 시간 내에 부패되어 버리지만 무기물질이 풍부하게 포함되어 있는 공룡의 뼈, 이빨, 조개, 달팽이의 껍질 등은 화석의 형태로 남아 있을 수 있다. 일반적으로 화석화(petrification)과정에 의하여 죽은 생물체의 일부가 돌처럼 변하는 수도 있다. 화석화과정은 지하수에 녹아있는 무기물질이 사체의 조직에 스며들어 유기물질을 대체할 때 일어난다. 일반적으로 진화의 과정은 화학적인 진화, 세포적인 진화, 세포기관의 진화, 유전적인 진화 등으로 나누어 생각할 수 있다.

1.3.2 미생물 개체군의 진화

동식물의 가장 오래된 대형화석은 6~7억년으로 보고 있지만 미생물학적 생명체는 35억 년 전에, 즉 지구가 형성된 10억년 후 그리고 동식물이 출현하기 거의 30억 년 전에 존재하였다는 믿을만한 증거가 있다(Nisbet, 1980).현재로서는 생명체가 대부분의 지구역사를 통하여 존재하였다고 생각되어지며, 물리화학적 조건의 형성이 생명체에 중대한 영향을 준다는 것을 알고 있다. 지구는 충분한 질량과 중력을 가지고 있어서 대부분의 대기가스를 보존하고, 태양과는 적당한 거리가 있어서 지구상에 있는 물을 액체 상태로 유지할 수 있는 좋은 조건을 가졌다. 지구는 긴 진화과정에서 생명체의 형성에 유리하게 변화되었다고 생각할 수 있다. 물리화학적 환경을 형성하고 현재의 상태로 환경을 유지시키는 데 중요한 역할을 해온 생명체가 미생물 군으로 생물권이 형성되었다고 본다. 즉, 진화에 있어서 미생물의 역할이 매우 중요함을 알 수 있다. Lovelock(1971)은 생명체가 유지되어 온 것은 지구의 물리화학적 환경의 형성에 중요한 역할을 하는 것이 미생물임을 알고, 이를 주로 연구 대상으로 하였다.

1) 화학적 진화

지구상에서 생명체 이전에 화학적인 진화를 생각한 것은 1925년~1930년 사이로 러시아의 Oparin과 영국의 Haldane이 최초로 제안하였다(Haldane, 1932; Oparin, 1938, 1968; Dikerson, 1978). 이들의 견해에 의하면 원초적 생명체 출현 이전의 지구는 질소, 수소, 탄산가스, 소량의 암모니아가 함유된 수증기, 일산화탄소, 황화수소로 조성된 혐기성 대기를 형성하고 있었다. 산소는 존재하지 않았거나 존재하더라고 극미량일 것으로 생각하였다. 결과적으로 오존층의 차폐가 없었기 때문에 다량(high flux)의 자외선이 지구표면에 도달하였다. 지리적 및 계절적 온도의 극한치는 아마도 오늘날 보다 더 심했을 것이다. 비 생물적으로 형성된 유기물질은 주로 용해되거나 현탁된 상태로 다량 존재하였다. 조사(照射), 지구 열, 전기방전, 방사성 분해에서 오는 에너지는 이러한 유기물질의 느린 화학적 진화에 연료가 되어, 보다 복잡한 중합체 형태의 화합물로 변화시켰다. 생성된 대형분자들은 내부적(안쪽)으로 뭉치는 경향을 가져 주위를 둘러싼 액체에 대해 막과 같은 계면을 형성하고 세포 적 조직화의 징조가 되었다. 산소와 미생물적인 분해자가 없는 환경에서는 수백 년 간 화학적 진화가 아무런 방해 없이 진행되었을 것으로 생각할 수 있다.

2) 세포적 진화

화학적 진화에 관한 이론적인 연구 외에 Oparin과 그의 동료들은 아라비아고무(gum arabic) 및 히스톤(histone) 과 같은 두개의 다른 중합물질을 섞은 콜로이드 상용액 중에서 저절로 형성되는 미소구체(microsphere)의 성질에 대해서 탁월한 연구를 수행하였다(Dickerson, 1978). Oparin이 코아서베이트(coacervates)라고 부른 이러한 미소구체는 반투과성 막과 액포가 생성되고 환경으로부터 물질을 선택적으로 흡수할 수 있으며 세포의 성장과 분열 같은 형태도 보였다. 효소, 전자전달자 또는 엽록소를 이러한 코아서베이트 방울 속에 조합시킴으로써 우리가 일반적으로 살아있는 세포들에만 관련이 있다고 생각했던 몇몇 동화 및 이화작용, 전자전달, 광 에너지 이용현상을 모델화할 수 있었다. 그러나 이러한 모형시스템은 중합체 분자의 놀라운 자가 조직 능력만을 명백히 보여주었을 뿐이고, 이들이 화학적 진화과정에 있어서 실제 중간물질이라고는 생각되지 않았다.

이와 좀 더 직접적으로 관련된 것은 Fox가 열화 단백질소체에 의해 형성된 미소구체를 가지고 이들의 일부 촉매 적 및 자기 복제 적 능력을 보여준 것이다(Fox, 1965: Fox and Dose, 1977). 핵산이 없는 유사단백질성의 미소구체가 세포로의 조직화에 있어서 첫 단계가 된다고 생각할 수 있다. 이렇게 가정된 원시적 유사세포 구조물은 원시유전자체(progente) 또는 원시생명체(protobionts)라고 한다. 세포의 조직화가 더욱 진행되면 아마도 핵산의 획득과 이용이 진행될 것이며, 처음에는 대개 RNA, 나중 단계에는 DNA 및 RNA가 출현하여 단백질합성의 주형으로 작용할 것이다(Darmell and Doolittle, 1986). 효소의 능력과 막의 조직화가 한층 더 발전되면 진정유전자체나 원핵세포의 원시형으로 발달된다. 이러한 세포가 존재하였다는 화석적인 증거는 약 35억 년 된 퇴적암에서 발견되었다(Knoll and Awramik, 1983).

원시유전자체(progentes)와 초기의 진정유전자체(eugenotes)는 비 생물적으로 형성된 유기물질이 있는 혐기성 환경 중에 존재하였다. 대사의 최초유형은 아마도 이렇게 미리 형성된 유기기질의 타급 영양적 및 발효적 이용방식이었을 것이다. 환원성 대기 중의 수소와 탄산가스는 또한 메탄형성 원시세균(archaebacteria)이 발달하기에 좋았을 것이다. 이러한 영양적 자원은 제한되었었기 때문에 생명체의 진화과정 초기에 있어서는 재생 가능한 에너지원인 태양 조사에너지를 직접적으로 이용할 수 있는 생물의 발달에 유리한 선택적 압력이 작용하였다.

초기의 광합성은 오늘날 *Rhodospirillaceae, Chromatiaceae* 및 *Chlorobiaceae*에서 볼 수 있는 무산소성(anoxygenic)유형과 흡사하였다. 이러한 미생물들은 제2광계(photosystem Ⅱ)가 없고 탄산가스를 환원시키는 데 있어서 수중의 수소를 이용하지 못하며, 대신 유기화합물, 분자상태의 수소 또는 황화수소와 같은 환원형 유황화합물로부터 환원력을 얻는다. 초기의 사이아노박테리아(*cyanobacteria*)도 또한 제2광계를 가지지 않았고 물을 분해하는 것보다 낮은 에너지를 투입하여 분해할 수 있도록 위와 같은 전자 공여체를 이용하였을 것이다.

아프리카 Figtree의 35억 년 된 퇴적암 속에서 발견된 미생물화석을 조합한 결과, 화석종들은 세균이나 원시세균 및 단세포적 사이아노박테리아와 유사한 원핵생물체였다. 탄소 동위원소비가 나타내는 바에 의하면 사이아노박테리아를 닮은 미생물화석은 광합성을 하였던 것 같고, 좀 더 발달된 산소성 광합성을 하는 사이아노박테리아는 이보다 훨씬 후인 약 10억 년 전에 출현했던 것 같다(Shopf, 1978). 그 중간의 기간 동안에는 유기물질 퇴적층을 포함하고 있는 층화 석회석주인 스트로마톨라이트(stromatolites)에 나타난 증거와 같이 원핵적 미생물이 매트(mat)를 지어 번성하였다. 최근 호주의 Shark Bay와 같이 얕고 따뜻하며 높은 염도를 가진 환경 중에서 살아있는 미생물을 함유한 스트로마톨라이트를 발견함으로써 이러한 스트로마톨라이트 화석의 해석에 큰 도움이 되었다. 이제 이 스트로마톨라이트에는 사상형(絲狀型) 및 사이아노박테리아를 주축으로 하는 원핵미생물이 퇴적되었음이 분명해졌다.

사이아노박테리아에 있어서 산소성 광합성 대사의 진화는 20~25억 년 전에 이형세포(heterocyst) 유사구조가 출현하였고, 철의 밴드(band)가 형성되었다는 점에 의해 증명된다. 이형세포는 산소를 발생시키는 광합성계로부터 산소에 예민한 질소고정계를 분리하는 기능을 가지며 무산소성 광합성을 하는 사이아노박테리아에게는 풍부히 존재했을 것이다. 철 밴드는 환원형 철의 퇴적층과 산화형 철의 퇴적층이 교대로 형성되었음을 보여준다. 이 기간 이전의 모든 철 퇴적층은 모두 환원형 철의 퇴적층이었다. 이후에 나타나는 철 퇴적층은 환원형 퇴적지(sediment)환경을 제외하고는 지속적으로 산화되었음을 보여준다. 이 화석적 기록은 약 20억 년 전에 원래가 환원형이었던 지구의 대기가 산화형으로 바뀌었음을 알려준다. 이러한 항구적 변화가 있기 전에는 분명히 대기의 조성에 변동이 있었을 것이다.

사이아노박테리아에 있어서 제2광계의 진화는 비록 태양광선의 광량자(quantum) 이용효율이 떨어지기는 하였으나 물로부터 거의 무한한 형태의 환원력을 얻을 수 있었다. 강한 H-O-H 결합을 분해하는 데는 약한 H-S-H 결합보다 태양에너지가 더 많이 요구된다. 이러한 광합성 방식에 의해 발생된 산소는 분명히 그 당시 존재했던 대부분의 혐기성 생물체에게는 유독하였으므로 이들은 멸종되었거나 현재까지도 혐기성 미생물이 살고 있는 특정한 환경에 국한되어 서식하게 되었다. 산화형 대기에 적응할 수 있는 생물체에게는 새롭고 훨씬 더 효율적인 기질 이용 방법이 시작되어 그 형태와 크기가 크게 다양화되었다. 보다 더 효율적인 대사경로와 항상 증가하는 대사적, 조절적, 형태적 및 행동적 속성에 대한 유전적 정보를 저장하려는 필요성은 아마도 진핵세포의 진화를 촉진하였을 것이다. 화석적 기록은 진핵생물이 약 13억~14억 년 전에 나타났음을 보여준다. 호주 Bitter Springs의 10억 년 된 화석에서 발견된 진핵생물은 녹조류와 비슷하며 아마도 균류가 번성했던 것 같다. 진핵생물의 출현은 원핵미생물 매트(mat)가 퇴적되어 형성된 스트로마톨라이트의 감소와 동시에 시작되었다.

진핵세포의 출현과 예상되는 유성생식은 진화의 속도를 크게 가속시켰을 것이다. 약 6억 년 전에 최초로 다세포적 동식물의 대형화석이 나타났으며 재래적인 고생대의 지질시대가 시작된다. 그때까지 생물체의 진화는 미생물의 진화만을 의미하였다. 다세포식물과 무척추동물이 출현할 때까지 미생물들은 지구의 대기를 변화시켰으며 대부분의 물리 · 화학적 피라미드(pyramid)를 현재 그들이 소유한 상태로 적응시켰다. 30억 년 간에 걸쳐 이루어진 미생물의 진화는 크기와 형태에 있어서 대단히 제한적인 것이었다. 다세포 생물의 진화된 시간규모와 비교할 때 미생물의 진화는 대단히 더딘 것 같다. 우리는 이렇게 길고도 별다른 사건이 없었던 것 같은 기간에 지질학적 기록으로는 잘 나타나지 않는 비밀, 즉 생화학적 대사경로의 점진적 진화와 조절기전이 발달된 사건을 숨기고 있으며, 이후 다세포생물의 폭발적인 형태적 다양화의 기초가 되었다고 추론하고 싶다.

3) 세포소기관의 진화

진핵세포는 다세포 생물의 기관과 비슷한 기능을 수행하는 몇 가지 유형의 특수한 구조물을 가진 복잡한 실체(entity)이다. 이러한 특수한 구조물을 세포소기관(organelle)이라 한다. 세포소기관 중 대표적인 것은 전자전달과 산화적 인산화의 장소가 되는 미토콘드리아와 광합성의 장소가 되는 엽록체이다. 이 두 세포기관은 주위의 세포질과 잘 경계를 이루고 있는 막 구조를 하고 있다. 이러한 구조물은 밖에 있는 세포막이 함입(陷入)되어 후에 세포막과 분리되고 세포질에 존재하는 세포소기관이 되었다고 상상할 수 있다. 그러나 사실상 이 세포소기관들은 모두 세포핵 속에서 발견되는 핵산과는 염기배열이 다른 자체의 핵산과 세포질의 리보좀과는 다른 자체의 리보좀을 가지고 있다. 또한 이들은 세포질에서 새롭게 합성되지 않고 항상 현존하는 미토콘드리아나 엽록체의 분열에 의해 생성되므로 위와는 다른 설명이 필요하다.

Margulis(1971, 1981, 1984)에 의해 가장 강력하게 주창된 일련의 공생이론은 미토콘드리아와 엽록체 그리고 기타 몇몇 세포소기관이 진핵세포 내에 영구적으로 공생자가 된 원핵세포라고 하였다. 이렇게 미토콘드리아는 본래가 세균세포를 닮은 호기성 원핵세포로서 진핵적 발효세포 내의 공생자가 되어 유기질을 호기적으로 보다 유효하게 이용하는 세포소기관이 된 것이다. 이와 마찬가지로 사이아노박테리아나 phycobilin 색소가 없는 광합성 원핵생물인 *Chloroxybacteria*는 엽록체의 조상이 되었으며, 이러한 공생적 관계는 타급 영양적 진핵세포가 광합성적으로 살 수 있는 능력을 부여하였다. 수많은 단세포적 및 다세포적 생물이 세균 또는 사이아노박테리아와 세포내적 연합관계(intercellular association)를 가지고 있다는 사실은 이러한 설명의 신빙성을 더욱 높여준다. 이들이 진핵생물과의 오랜 공생적 관계 속에서 미토콘드리아와 엽록체의 조상 생물들은 숙주세포 내에서 그들의 유전물질과 생합성 능력의 전부는 아니나 일부를 잃어서 독립적인 생존이 불가능하게 되었다. 초미세구조적인 증거에 의하면 몇몇 진핵생물은 사이아노박테리아의 엽록체를 취한 다음 그들 자신이 다른 진핵생물의 내부 공생자(endosymbiont)가 되어 자신의 세포적 독립성과 기능을 잃게 되었음을 보여준다. 복잡한 외부 막 구조와 몇몇 엽록체의 색소조성을 보면 그러한 다단계공생의 진화기록이 보존되어 있음을 알 수 있다(Wilcox and Wedemayer, 1985).

진핵적 편모와 섬모의 공생적 기원에 관한 사례는 미약하다. 이들은 원핵적 편모와 달라서 훨씬 더 두껍고 복잡한 '9+2'구조(2쌍의 중심부 섬유를 9쌍의 주변부 섬유가 둘러싼 구조)를 하고 있으며 양자(proton)에 의한 힘보다 ATP에 의해 운동력을 얻고 있다. 그러나 이들은 그 자체의 핵산과 리보좀을 가지지 않으며 분열에 의해 증식하지도 않는다. 이들의 원핵세포 및 공생적 기원의 가능성은 스피로헤타(spirochetes)와 흥미로운 관계를 맺고 있는 일부 원생동물을 관찰함으로써 힌트를 얻을 수 있다. 가장 잘 연구된 사례는 흰개미의 뒷창자에 살며 셀루로오스의 분해에 관여하는 편모충류 원생동물, *Mixotricha paradoxa*의 예이다. *Mixotricha*의 편모는 불활성이나 얼핏 보면 섬모처럼 보이는 기관으로 움직인다(Cleveland and Grimstone, 1964). 자세히 보면 이러한 섬모들은 *Mixotricha* 표면의 까치발(bracbet)같은 기체(基體)에 줄지어 붙어 있는 스피로헤타(spirochetes)이다. 이들의 협동적인 운동에 의해서 *Mixotricha*가 추진된다. 또한 기능이 알려지지 않은 비운동성 단간균(短杆菌)이 일정한 간격으로 그 표면에 붙어 있다. 연속적 공생론의 주창자들은 이러한 방식으로 부착된 스피로헤타는 그들 자신의 독립적인 대사능력 및 유전적 고유성을 잃고 편모 또는 섬모가 되었다고 믿고 있다. 이 생각이 흥미롭기는 하지만 더 이상의 보강적인 증거가 없기 때문에 미토콘드리아와 엽록체의 공생적 기원설 같이 널리 받아들여지지 않고 있다.

이보다 더 추리적인 것은 세포핵의 기원이다. 원핵생물이 다양화되고 생화학적 및 형태학적 복잡성이 증가하자 이러한 속성과 기능을 암호화하기 위해 더 큰 크기의 유전자조(組, genome)가 필요하였다. 세포분열 중 이렇게 더 큰 유전자조의 증식은 보다 더 복잡하게 되었다. 이렇게 큰 유전자조의 세포질 및 식생적 기능으로부터 공간적으로 분리되었다고 생각함은 논리적으로 이상적이다. 내부 공생자 원핵생물은 그 자신의 유전자조를 숙주세포의 유전자조와 병합하여 세포질과 성장기능(vegetative functions)을 잃고 새로운 원시적인 진핵세포의 세포핵이 되었다고 생각할 수 있다.

4) 진화의 유전자적 기초

미생물 개체군의 유전자풀(pool)로 다양성이 도입되어 선택과 진화에 대한 기초가 확립되었다(Clarke, 1984). 변이(變異)는 미생물의 유전자조에 다양성(variability)을 주어 생물이 합성하는 효소를 변화시켰다. 유전자조에 일어난 변이는 한 세대에서 다음 세대로 전해져 전 개체군에 전파되었다. 고등생물에 비해 미생물은 세대시간이 비교적 짧기 때문에 유전정보에 생긴 변화들은 널리 그리고 빠르게 전파될 수 있다.

어떤 경우에 유전자조의 변형은 생물에게 유해하고, 어떤 변이는 치명적이거나 조건에 따라 치명적이지만 이러한 변이는 때에 따라 유전적 정보를 유리하게 변화시킬 수 있다. 유리한 변이의 발생은 하나의 미생물이 환경 중에서 생존하는데 더 적합하고, 이용 가능한 자원에 대해서 다른 미생물과 경쟁하는데 더 유리하도록 하는 유전정보를 유전자풀에 도입시켜준다. 많은 세대를 통하여 자연적 선택압력 때문에 부적합한 변이체는 제거되고 유리한 유전적 정보를 가진 생물만 계속적으로 생존하는 결과가 될 것이다.

변이가 비록 유전적 정보에 변이성(variability)을 주는 기초가 되지만 유전정보를 재분배하는데 있어서 중요한 역할을 하는 것은 유전자 교환과 재조합이다(Hall, 1984; Slater, 1984). 재조합은 적응력이 있는 새로운 대립유전자(allele)조합을 창출한다. 개체군 내에 있어서 유전정보의 조직이 변경됨은 방향적 진화에의 기초가 된다. 유전정보의 교환은 미생물 개체군의 생존에 유리한 갖가지 속성을 각 개체들에게 부여한다. 한 개체군의 장기적 안정은 적합한 유전정보를 그들의 염색체에 조합시키는 능력에 달려있다. 변이와 일반적 재조합능력은 적응적 특성에 대한 자연선택의 원재료가 된다. 서로 어긋나게 즉 교호적(交互的)인 재조합은 근연관계(近緣關係)가 가까운 생물들 간에 진화적 연결을 시켜주며 비교호적(非交互的, non-reciprocal) 재조합은 질적인 진화적 변화의 전환점이 된다. 관련이 없는 유전자 조끼리 재조합할 수 있다는 것은 서로 다른 계통의 진화가 신속하게 수렴 진화 할 수 있음을 의미한다.

개체군 내에 있어서 적응적인 특성은 생물군집 내에서 변화와 안정성에 모두 공헌한다. 자연선택에 관한 다윈의 원리는 미생물 개체군에게도 적용되며 어떤 개체군이 군집 내에서 성공적으로 확립될 수 있는가를 결정해준다. 즉 Beijerinck가 제창한 원리에 따라 "모든 것은 모든 곳에 존재하며, 환경이 선택 한다" (Van Iterson *et al*., 1983). 어떤 미생물은 어느 특정 생태계에서 생존하기에 보다 잘 적응된 특성을 가진다. 변화하는 조건에 잘 적응하지 못하는 특성을 가진 미생물들은 자연선택에 의해 바로 제거된다. 유전자 풀(pool)에 있어서 지나친 특정화는 특정한 조건하에서 개체군의 일시적 성공을 가져오나 종국에는 조건들이 다양하게 변화하므로 개체군이 비적응적이 될 것이다. 개체군과 군집에 있어서 유전적 변화성이 필요한데, 이는 미생물 개체군의 서식지가 정적(靜的)이 아니기 때문이다.

생화학적 대사경로의 진화는 임의적 변이와 자연선택에 관한 기본적인 다윈의 개념에 따라 진행되지만 생화학적 대사경로의 복잡성과 다단계적 성격 때문에 이것을 어떻게 개념화할까가 어렵게 된다. 예를 들면 당(sugar)으로부터 필수 아미노산을 합성하는 능력의 기전과 같은 것이다. Horowitz(1965)가 공식화한 생화학적 경로의 퇴행진화는 이러한 것을 이해하기 쉽도록 해준다. 일반적으로 말해서 A화합물을 필요로 하는 현존의 미생물은 종류가 크게 다른 E화합물로부터 A화합물을 합성할 수 있는 능력을 가진다. 이러한 대사경로가 생성되기 이전에 원시적인 미생물은 A화합물을 환경으로부터 직접 취한다. A화합물이 희소해짐에 따라 A화합물과 유사하고 풍부하게 존재하는 B화합물을 1단계 대사경로로 변화시킬 수 있는 능력을 가진 변이체(mutant)가 선택적 우위를 가지고 번성할 수 있다. 또한 B화합물이 희소해지면 C화합물을 B화합물로 변화시킬 수 있는 변이체가 유리하게 되는데 이는 이 미생물들이 이미 B화합물을 A화합물로 변화시킬 수 있는 기전을 가지고 있기 때문이다. 이러한 퇴행적 진화수순은 완전히 다른 E화합물이 필수적인 A화합물로 될 때까지 계속된다. 유전정보의 전이는 특히 대사경로가 고도로 유연성이 있는 플라스미드(plasmids)에 암호화되어 있거나 트랜스포손(transposons)에 자리 잡고 있을 때 생화학적 능력의 진화 및 다양화가 크게 촉진된다.

5) 미생물 진화의 분자적 기록

원핵생물의 형태적 세부구조가 별로 존재하지 않고 세포이하 구조가 지질학적으로 잘 보존되어 있지 않기 때문에 화석에 담긴 미생물 진화의 기록은 매우 불완전하다. 그러므로 진화의 분자적 기록 상황을 얼마간 보충해 줄 필요가 있다. 만약 모든 생물이 RNA, DNA 및 단백질과 같은 생명에 기본적인 대형분자를 이미 가지고 있는 공통조상을 소유한다면 우리는 대형분자의 배열상이 매우 유사한 생물들은 근연관계가 가깝고, 대형분자의 배열상이 매우 다른 생물들은 초기에 갈라져서 독립적으로 진화했다고 가정할 수 있다. 단백질과 DNA 배열상을 비교해보려는 시도가 있었으나 RNA 배열상을 비교하는 것이 더 관련성이 깊은 것 같고 기술적으로도 가능하다(Pace *et al.*, 1985, 1986). 16S 리보좀 RNA의 유사도를 비교하여 Fox(1980)등은 원핵생물에 대해 상세한 진화계통수를 작성하였다. 이와 똑같은 기법에 의해 그들은 진핵세포를 몇 개 원핵생물의 진화계통이 융화된 계통학적 괴물(chimera: 유전학적으로 두개 또는 그 이상의 다른 세포계열로 구성된 것, 여러 가지 동물 부위로 구성된 신화적 괴물의 이름을 딴 것)이라고 하였다. 16S rRNA 유사도를 기준으로 한 진화계통수는 원시 유전자체(progenote) 또는 원시적 진핵생물체(eugenote) 수준에서 공통 조상이 있었다고 가정한다. 이 공통조상으로부터 세개의 진화계열인 원시세균(archaebacteria), 진정세균(eubacteria), 초기 진핵세균(eukaryotes)으로 나눌 수 있다.

1.4 생태계의 에너지의 흐름과 생물량

1) 생태계의 에너지흐름

태양에너지는 광합성을 통해 생산자에 의해서 최초로 사용된다. 그리고 생산된 에너지는 유기체로서 생존하다 다시 소비자에 의하여 소비되며 소비된 후에는 유기체로서 미생물 등의 분해자에 의하여 분해된다. 어찌 보면 하나의 영양단계를 형성하게 된다. 각 영양단계의 전환효율은 약 10% 정도이다. 나머지 에너지는 생물을 유지하는 호흡활동의 결과인 열로 빠져나간다(엔트로피가 증가됨).

2) 생물량(생체량, biomass)

육상에서나 수계에 생존하는 생물량을 생물 현존량이라 하고 현존량을 biomass 또는 gross standing 이라고 한다. 생물의 현존량은 육상의 경우 대부분 태양에 의하여 광합성 작용으로 유기물질이 축적된다. 수계의 경우 표층에서는 식물플랑크톤이나 *Cyanobacter* 등이 광합성 작용을 하지만, 저층이나 심해에서는 광합성작용과는 관계없이 독립영양세균이나 현탁물질에 부착하여 유기물질을 분해하는 미생물의 현존량을 말한다. 지구상에 존재하는 생명체의 에너지는 가시광선이다. 가시광선은 일차적으로 광합성을 통하여 생물계로 들어온다. 태양에너지는 약 50% 정도만이 지구 표면에 도달하며, 광합성 생물에 의하여 사용되는 에너지는 약 1% 정도이다. 이 양은 건조 유기물을 연간 1500~2000억 톤을 생산할 만큼 충분한 양이다.

3) 영양단계(trophic level)

생태계를 통해 흐르는 에너지의 단계는 생산자 (producer), 소비자(comsumer), 분해자(decomposer)로 크게 세 단계로 나누어진다. 이러한 삼각관계 또는 피라미드 관계를 형성하는 영양단계(trophic level)는 유기물질이 미생물에 의하여 분해가되어 무기화되면 무기물질을 식물플랑크톤이 섭취하고 다시 동물플랑크톤에서 자, 치어(仔, 稚魚), 어류 등으로 이어져 먹이연쇄를 이룬다.

① <u>생산자(生産者, producer)</u>: 식물, 조류(algae), 광합성 세균(phototrophic bacteria)과 같은 광합성 생물이 여기에 속한다. 이러한 생물들은 이산화탄소와 물, 몇 가지의 무기물로부터 유기물을 생산하기 위하여 빛 에너지를 사용한다. 따라서 유기물질을 생산하는 세균이나 식물플랑크톤이 일차 생산자로 인정된다. 화학독립영양생물인 세균의 경우는 육상이나 수계에서 무기질을 에너지원으로 이용한다. 이러한 생물량은 생물권에 존재하는 총 생물량의 약 99%를 차지하고 있다.

② <u>소비자(comsumer)</u>: 소비자는 스스로 먹이를 생산 할 수 없으므로 다른 생물을 먹이로 취하게 되는 생물들로 이들은 종속영양생물(heterotroph)이다. 소비자를 통한 에너지의 흐름은 몇 가지의 영양단계를 거친다. 이와 같이 무기영양을 먹이로 하거나 세균을 직접 먹는 것을 일차소비자라 하다. 일차소비자를 잡아먹는 것을 이차소비자(secondary comsumer)라 하고 생산자와 소비자 모두를 먹는 고등동물과 같은 것을 3차 소비자라 한다.

③ 분해자(decomposer): 수계의 현탁물질을 분해하거나 동식물의 사체를 분해하여 에너지를 얻어 생활하는 것을 분해자라 한다. 부생미생물(腐生微生物, saprobe)들은 동물의 사체를 분해하여 생활한다. 이러한 부생미생물들은 유기물이나 생물의 잔유물과 노폐물을 분해하여 암모니아, 황산염, 아질산염, 질산염, 인산염, 이산화탄소, 물과 같은 단순한 생성물로 전환시켜 다시 녹색식물이 이용할 수 있도록 한다.

4) 삼각형 영양단계

삼각형 영양단계(피라미드형 영양단계)는 세 가지로 개체수 피라미드, 생물량 피라미드, 에너지 피라미드로 나눈다. 일반적으로 생산자→1차 소비자→2차 소비자→3차 소비자에 있어서 개체 수, 종 수, 생물량의 크기에 대한 피라미드는 정삼각형을 나타내고 개체 당 무게, 에너지효율, 생물농축에 대한 피라미드는 역삼각형을 나타낸다.

1.5 미생물의 상호작용

수계, 토양이나 대기 중의 미생물들은 환경에 공동 개념을 가지고 그 환경에 적응하는 특징을 가진다. 예로서 토양의 입자 간에 함유된 토양수, 육수(陸水), 지하수, 해양의 해저 저니(底泥) 등에 서식하는 세균이나 원생동물들은 생태적 위치에서 조사해 보면 각각의 공통점을 가지고 있다. 따라서 미생물은 주어진 환경 속에서 서로 경쟁하거나 상조하는 생활 속에 서식하고 있다.

1.5.1 미생물 군집과 생태계

자연계에는 다종다양한 생물군이 각각의 생활 장소를 차지하고 서로 관계를 가지면서 생활하고 있다. 즉 생물과 환경과는 분리할 수 없는 관계로서 안정된 동적인 평형을 가지고 서식하고 있다. 이와 같이 생물과 자연과의 동적인 관계를 생태계(ecosystem)이라고 표현한다. 미생물을 주체로 하는 생태계를 미소 생태계(micro-ecosystem)라 부른다. 활성오니(活性汚泥), 동물의 장관(腸菅), 호소 저니(湖沼底泥) 등은 전형적인 미소생물의 생태계를 형성하는 장소이다.

생태계는 생산자(producer), 소비자(consumer), 분해자(decomposer), 비 미생물

적 물질의 4가지 요소로 나누어진다. 여기서 비생물적 물질이란 물, 탄산가스, 산소, 인, 질소, 칼륨 등의 생물생산의 기초가 되는 물질이고, 생산자란 간단한 무기물뿐만 아니라 복잡한 유기물질인 탄수화물, 지방, 단백질을 합성하여 원형질을 만들어 내는 생물군이다. 독립영양원인 녹색식물, 조류가 대표적인 생산자며, 이것을 1차 생산자라고 부른다. 미세조류(식물 플랑크톤)는 중요한 생산자이다. 소비자란 생산자가 생산한 유기물을 먹이로서 생활하는 생물군이다. 종속영양원인 동물의 대부분이 여기에 포함된다. 동물 플랑크톤, 어류, 포유류 등이 대표적인 소비자이다. 원생동물도 소비자이다. 소비자 중 직접 생산자를 먹는 것을 1차 소비자 또는 식식자(植食者)라 부른다. 분해자로서는 주로 생물 사체에 포함되어 있는 원형질의 성분을 분해하여 간단한 무기물질까지 환원시키고 생산자가 다시 이용 가능하게 하는 생물군이다. 여기에는 세균, 균류, 원생동물 등의 종속영양 생물은 환경에서 무기물을 섭취하여 원형질을 만들고 이것을 종속영양생물이 이용하고 있다. 이 물질은 생물권에서 무기질로 환원되어 자연계로 되돌아온다.

공기, 물, 토양은 생물이 존재하는 삼대 생활공간(三大 生活空間)으로 각각, 기권, 수권, 지권(地圈)을 구성하고 있다. 이들의 生活空間(圈內)에 있어서도 항상 물질 순환이 일어나고 있고, 여기에 생물이 큰 작용을 미치고 있다. 예로서 암석에 포함된 칼슘은 용출하여 하천에서 바다로 유입(流入)되고 이것을 유공충, 산호, 패류 등이 섭취하여 생존하다가 죽게 되면 퇴적되고 석회암으로 되기도 한다. 이러한 상태로 생물의 활동에 의하여 탄소의 순환, 질소의 순환 ,인 및 칼륨 순환이 일어난다. 광합성에 의한 탄소는 2×10^{11} t으로 추정하고 그 중 80~90%는 해역에 존재하는 조류에 의하여 고정된다. 남은 10~20%가 육상의 녹색식물에 의한다. 대기 중의 탄산가스 함량은 또 0.23%로 총량은 6×10^{11} t이다. 해수 중에는 탄산가스 또는 탄산염으로 존재하며 탄소량은 5×10^{12} t이다. 탄소의 순환에는 미생물의 역할이 대단히 중요하다.

질소의 순환은 대단히 복잡하여 완전 순환이 되지 않는다. 대기 중에 포함된 질소는 39×10^{11} t 정도 존재하지만 일차적으로 녹색식물은 이것을 동화할 수가 없다. 그러나 *Rhizobidium, Clostrium, Azotobacter* 등의 세균류 및 *Nostoc, Anabaena* 등의 남조류는 대기 중의 유리질소를 사용하여 아미노산을 합성하고 있다. 동식물이 죽으면 사체 등에 포함되어 있는 단백질은 부패세균에 의하여 암모니아까지 분해된다. 또 동물의 배설물에는 요소, 요산, 암모니아가 있고, 이것의 질소 화합물은 아초산세균, 초산세균의 작용을 받아, 아초산을 거쳐 초산으로까지 산화된다. 초산은 녹색식물이나 조류의 질소원으로 흡수되며, 단백질로 합승된다. 초산의 일부는 탈질소 세균에 의하며 질소로 환원된다.

인 및 칼륨의 순환은 불완전하다. 매장량은 각각 17×10^{10} t, 5×10^{10} t이다. 인의 공급원은 地質時代에 만들어진 인 광석인데 이것이 침식되어 인산염으로 되고, 생물에 이용된다. 또 동식물 중의 사체에 함유된 인 유기물도 인산화 세균의 작용을 받아 인산염으로 변한다. 따라서 이러한 물질 순환에 따라 미생물 군집의 변화가 생기게 된다.

1.5.2 미생물 개체군간의 상호작용

미생물들은 홀로 존재하는 경우는 드물고 복잡한 생물군집(biological community) 내에서 개체군으로서 상호작용을 하면서 존재한다. 이러한 군집 내에서 미생물, 식물 및 동물 개체군 등의 집단 사이에서 그들 간에 상호작용이 일어난다. 그 상호 작용은 개체군에 따라서 절대적인 상호관계도 있고 간접적인 조건부의 관계도 있다. 군집 내에 있어서 개체군간의 몇몇 상호작용은 특정한 개체군에게 유익하나 다른 집단에 해로운 상호작용도 발생한다. 이러한 작용을 Bull과 Slater(1982)는 "양성적과 음성적 상호작용으로 군집 내에서 생태학적으로 평형을 유지시켜 준다." 고 하였다. 생물학적 개체군간의 상호작용을 조사하는 것은 미생물 생태학 연구의 기본인 것이다. 동물과 식물에서 관찰되는 이러한 상호작용은 서로 관련되어 있으며 개체군의 밀도에 달려 있다.

1) 양성적 상호작용: 한 개체군 내에서 긍정적인 상호작용을 협동이라 한다. 한 미생물 개체군내에 있어서의 협동은 배양미생물을 이식과정(계대배양)에서 접종원(inoculum)이 너무 적게 되면 지연기간(lag period)이 매우 길어지거나 성장이 안 되는 현상이 일어나게 된다. 특히 배양이 까다로운 미생물에서 이러한 현상이 현저하며, 미생물 세포가 집락으로 형성되어야 하는 모든 순수 분리과정에 있어서 문제가 될 수 있다. 이때 미생물의 반투과성 막은 불완전하게 되어 생합성(biosynthesis)과 성장에 필수적인 낮은 분자량의 중간 대사물질이 누출되는 경향 생길 수 있다. 한 개체군내에 있어서 이러한 대사물질이 세포외에 어떤 농도 수준 이상으로 축적되면 세포의 외부로 빠져나오지 않고 더 이상의 손실을 방지하고 재흡수를 촉진시킨다. 자연적 서식지에 있어서의 집락화(colonization)는 대체로 중간규모의 개체군 밀도가 개개의 생물보다 훨씬 성공적이다. 이것이 잘 연구된 것은 병원성 미생물 개체군의 최소 감염농도(infectious dose)의 예이다. 병을 일으키기 위해서는 보통 100개체의 병원균이

필요하며, 1개체의 병원균은 숙주의 방어 작용을 거의 극복할 수 없다. 미생물 개체군에 의한 집락형성은 한 개체군 내에서 협동적인 상호작용에 의한 것이다. 서로가 이동하여 떨어질 수 있는 운동성 세균도 종종 집락을 형성한다.

2) 음성적 상호작용: 밀도가 높은 개체군 내에서는 대사물질이 억제적인 수준까지 축적될 수 있다. 누출된 중간 대사물질이 존재하면 협동작용에 악영향을 주는 물질이 있을 수 있다. 침수된 토양에서 발생하는 저 분자량의 지방산 및 H_2S와 같은 대사물질의 축적은 음성적 feedback의 기전이 된다. 이러한 물질의 축적은 이 서식처에서 몇몇 미생물 개체군이 더욱 성장하는 것을 효과적으로 제한할 수 있다. 이러한 침수법이 토양 중에서 식물 병원성 균류인 *Fusarium*과 *Verticillium* 개체군을 억제하는데 사용되었다(Mitchell and Alexander, 1962). 또한 탄화수소의 생물분해에 있어서 지방산이 축적되면 미생물에 의한 탄화수소의 대사가 더 이상 진행되지 않고 억제된다는 것이 관찰되었다(Atlas and Bartha, 1973). 한 미생물 개체군의 구성원들은 모두 동일한 기질을 이용하며 동일한 지위(niche)를 차지한다. 만약에 개체군 내의 한 개체가 1개 기질 분자를 대사하면 이 기질 분자는 그 개체군내의 다른 구성원이 이용할 수 없게 된다. 가용성 자원의 농도가 매우 낮은 지연적 서식지에 있어서는 개체군의 밀도가 증가할수록 가용자원에 대한 경쟁이 증가한다. 포식자 미생물 개체군 내에는 가용 피식자에 대한 경쟁이 일어난다. 기생 미생물 개체군 내에서는 가용 숙주세포들에 대한 경쟁이 일어난다. 한 개체군의 구성원에 의해 한 개의 숙주세포(host cell)가 감염되면 그 개체군의 다른 구성원이 그 숙주세포를 더 이상 감염시키지 못하게 한다.

1.5.3 다양한 미생물 개체군 간의 상호작용

두개의 다른 개체군이 상호작용할 때 그 상호작용으로부터 한 개체군 또는 두 개체군이 모두 이익을 받거나 한 개체군 또는 두 개체군이 모두 해로운 영향을 받는다. 이러한관계는 상호이익이 되는 경우는 양성적(positive)고 한쪽이나 서로 해가되는 경우는 음성적(negativ)인 경우로 표시하기도 한다(*표 1.1*).

이러한 상호작용을 묘사하는 범주들은 개념적인 분류 체계를 나타낼 뿐이며 많은 경우에 명확한 분류는 어렵다. 미생물 개체군간의 가능한 상호작용은 해로운 상호작용 즉 음성적 작용과(경쟁력 및 편해 공생, 포식, 기생), 이로운 상호작용 즉 양성

표 1.1 미생물 개체군간 상호작용의 유형들

상호작용의 종류	상호작용의 효과	
	개체군 A	개체군 B
양성적(positive)관계		
중립관계(neutralism)	○	○
편리공생(片利共生, commensalism)	○	+
원시협동(synergism)	+	+
상리공생(mutualism)	+	+
음성적(negative)관계		
경쟁(competition)	-	-
편해공생(amensalism)	○ 또는 +	-
포식(predation)	+	-
기생(parasitism)	+	-

○: 무영향, +: 이로운 영향, −: 해로운 영향.

적 작용 (편리공생, 원시협동, 상리공생)으로 구분될 수 있다.

단순한 군집에 있어서는 상호관계 중 한 두 가지를 관찰할 수 있다. 복잡한 자연 생물군집 내에서는 이종(異種)의 개체군 간에 모든 종류들이 가능한 상호작용이 일어난다. 개체군간의 음성적 상호작용은 개체군의 밀도를 제한하는 feed back 기전으로서 작용한다. 양성적 상호작용의 몇몇 개체군들은 측정한 서식지내에 하나의 군집으로서 생존할 수 있는 능력을 높여준다. 극상(climax)에 도달했거나 이에 접근하는 확립된 군집에 있어서는 자생적 개체군 사이의 양성적 상호작용이 새로 형성된 군집보다 훨씬 발달되어 있다. 그러나 확립된 군집의 침입자들은 자생적 개체군들 보다 심한 음성적 상호작용에 접하게 된다. 양성적 상호작용의 발달은 미생물로 하여금 가용자원을 보다 효율적으로 이용할 수 있도록 하며 이러한 작용 없이는 서식하지 못할 서식지를 양성작용으로 인하여 점유할 수 있게 해 준다. 미생물 개체군 사이의 공생적 상호 관계는 한 종의 생물 만으로서는 점유 할 수 없는 지위(niche)를 두 종의 새로운 생물이 차지할 수 있도록 해 준다. 미생물 개체군 사이의 양성적 상호관계는 성장률 및 생존율을 증가시키는 물리적 및 대사적 능력에 기인한다. 미생물 개체군 사이의 상호작용은 또한 환경적 스트레스를 완화시키는 경향이 있다. . 개체군간의 상호작용은 군집구조가 진화하는 하나의 원동력이다. 이들 상호 관계를 상세히 살펴보면 다음과 같다.

1) 중립관계(不偏關係, neutralism)

두 종이 같이 서식하여도 서로가 전혀 영향을 주지도 받지도 않는다. 따라서 두 종이 단독으로 존재 할 때와 같은 상태로 증식한다. 즉, 상호작용이 없는 것을 의미한다. 중립관계는 같거나 중첩되는 지위(niche)를 차지하는 개체군 사이에는 발생할 수 없으며, 유사한 능력을 가진 개체군 사이에서 발생하는 것을 말한다. 중립관계는 서로가 공간적으로 멀리 떨어진 미생물 개체군 사이에서 발생한다. 중립관계는 개체군의 밀도가 대단히 낮아서 한 미생물 개체군이 다른 개체군의 존재를 감지하지 못할 때 나타난다. 미생물 개체군 사이의 중립관계는 개체군의 밀도가 대단히 낮은 해양 서식지 및 빈영양호에서도 일어난다. 퇴적물(sediment)이나 토양에 있어서 중립관계는 미생물 개체군들이 토양 또는 퇴적물 입자들 표면에 저마다의 미소서식지를 점유할 때 일어난다.

그러나 물리적인 격리만이 중립관계를 보장하지는 않는다. 예를 들면 병원성 미생물은 식물의 뿌리에 침입하여 그 식물을 죽이고 그 식물의 잎에 서식하는 다른 생물의 개체군의 서식지를 파괴할 수도 있다. 이 경우 두개체군 간에 아무런 직접적 접촉이 없었지만 뿌리에 침입한 병원균이 잎의 서식지를 파괴하므로 두 개체군 간에 중립관계가 성립한다고 할 수 없다. 중립관계는 두 개체군이 이들의 자연적 서식지 외부에 존재할 때 생긴다. 미생물의 활발한 성장을 허용하지 않는 환경 조건하에서 유리하다. 예로서 냉동식품, 극지의 해수 또는 얼어 버린 담수호와 같이 얼음 속에서 얼어 있는 미생물들이 전형적으로 중립관계를 가진 것들이다. 미생물의 성장은 좋은 환경조건이 중립관계의 성립 가능성을 감소시키거나 배제할 수 있다. 극단적인 열 또는 건조지 같은 환경적 스트레스 기간 동안에 포자, 포낭체(cyst) 및 기타 유사한 휴면체가 생성되면 미생물이 중립관계로 들어 갈 수 있다.

2) 편리공생(片利共生, commensalism)

한쪽의 미생물 증식에는 유리하거나 이익을 얻지만 다른 한쪽에는 영향이 없거나 이익을 받지 않는 것을 말한다. 즉 한 개체군은 이익을 받고 다른 개체군에게는 아무런 영향이 없는 관계를 말한다. Commensalism은 라틴어의 "mensa(테이블)"에서 왔으며 한 생물이 다른 테이블에 남은 찌꺼기 음식을 먹고사는 관계를 묘사한 것이다. 편리공생은 두 개체군 사이에 일방적인 관계이다. 독성물질이 제거 또는 중화되는 것도 하나의 예이다. 성장 인자의 생산은 미생물 개체군 사이의 많은 편리공생적 관계의 기초가 된다(Bell et al., 1974). 미생물 집단사이의 여러 가지 편리공생 관계는 성장인자(growth factor)의 생성에 관계된 것들이 많다. 어떤 미생물 집단은 다른 미생물 집단에 의해서 이용될 수 있는 비타민과 아미노산 같은 성장인자를 생산하여 분비한다.

예를 들면 *Flavobacterium brevis*는 수계환경에서 *Legionella pneumophila*에 의해서 이용될 수 있는 cysteine을 분비한다. 토양 환경에서 많은 세균은 다른 미생물 집단이 형성한 비타민의 영향을 받는다. 성장인자가 중립적인 관계에 있는 생물로부터 충분히 생성되고 분비되는 한 두 집단사이에는 편리공생관계가 성립된다. 고체에서 액체, 액체에서 기체 상태로 변화는 화합물들이 다른 미생물에 이익을 줄 수도 있다. 예를 들면 해저 저질(sediment)에 서식하는 혐기성 메탄세균은 메탄을 생성하여 수중의 메탄산화세균에게 공급되는 형태로 되어 이익을 주는 경우도 있다. *Desulfovibrio*는 황산염이나 젖산염 등을 이용하여 발효시켜 초산염과 수소를 생성하고 이것을 *Methanobacterium*은 탄산가스를 이용하여 메탄으로 환원시킨다.

저질 중에서 혐기성 생물이나 세균에 의하여 생성된 유화수소의 경우는 광합성 세균이 이용하여 수질을 정화시키고 유독성을 막기도 한다. 수계의 저질 중에 유화수소는 생물에 유독성 작용을 하고 있다. *Beggiatoa*균은 유화수소의 산화로 인하여 여기에 예민한 호기성 미생물 개체군을 이롭게 하여주기도 한다. 유산염 환원균에 의해 수은 같은 중금속이 침전하는 것도 또한 무독화(detoxification)의 예이다. 해수나 담수의 지질 중에 세균의 개체군에 의하여 휘발성 수은 화합물이 생산되면 이러한 독성금속이 서식지로부터 소멸되다. 저질중의 망간용액도 *Leptothrix*가 환원시켜 망간농도를 조절하여 다른 미생물 개체군에 유독성을 제거하기도 한다.

3) 원시협동(synergism, protocooperation)

일명 상조(相助)라고도 한다. 두 미생물 개체군 사이의 관계란 두 개체군이 모두 이익을 받는 것을 말한다. 쌍방의 미생물이 같이 존재하는 것을 유리하나 공존이 절대 필요한 것이 아니다. 즉 두 개체군이 서로 이익을 받지만, 두 개체군이 공생(mutualism)과는 달리 의무적인 것은 아니다. 두 개체군은 자연적 환경에서 독자적으로 생존할 수 있지만 한 번 관계가 시작되면 서로 이익이 된다. 둘 또는 두 개체 이상의 개체군들이 상대편의 영양적 요구를 간접적으로 서로 채워줄 때 사용되는 용어다.

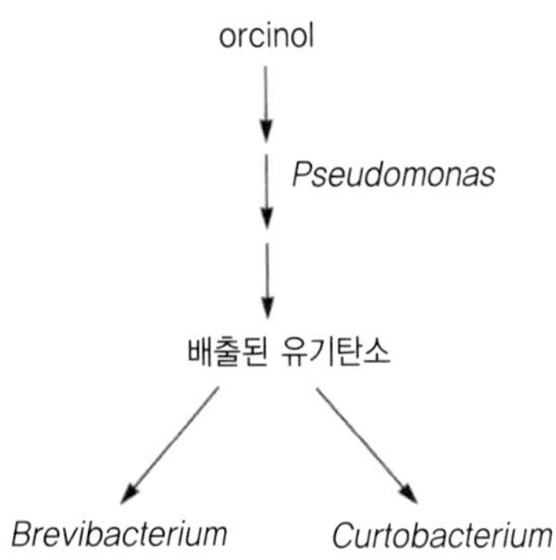

그림 1.1 Orcinol을 이용하는 *Pseudomonas* 개체군과 두 개체군들 사이의 원시협동적 관계

원시협동 관계의 일부는 제2 개체군이 제1 개체군의 성장률을 촉진시킬 수 있는 능력에도 근거한다. 예를 들면 몇몇 *Pseudomonas* 종은 Orcinol을 기질로 자랄 수 있지만 다른 세균 개체군이 존재하면 더 빨리 자랄 수 있다(*그림 1.1*).

원시협동은 미생물간에 공간적으로 접근한 관계를 유도한다. 외부 착생세균은 조류의 표면에서 종종 볼 수 있다. 외부착생 세균과 조류 사이의 관계는 조류가 빛을 이용하여 세균의 호기성 타가영양 대사에 필요한 유기화합물과 산소를 생산할 수 있다는 능력에 근거를 둔 것이다. 즉 간접적인 관계를 가진다(*그림 1.2*).

원시협동은 미생물 개체군들로 하여금 어느 한 쪽 개체군 만으로서는 수행할 수 없는 물질의 합성과 같은 활동을 가능하게 해준다. 두 미생물 개체군의 원시협동적 활동은 다른 경우라면 완성되지 못할 대사경로를 완전하게 해줄 수 있다. 협동영양(syntrophism)이란 말은 2개 또는 그 이상의 개체군들이 상대편의 영양적 요구를 채워줄 때 사용된다. 협동영양의 일종인 교차급식(cross feeding)의 이론적인 예를 보이고 있다. 개체군 1은 화합물 A를 대사하여 화합물 B를 생성하나 이 경로에 있어서 다음 단계의 변화

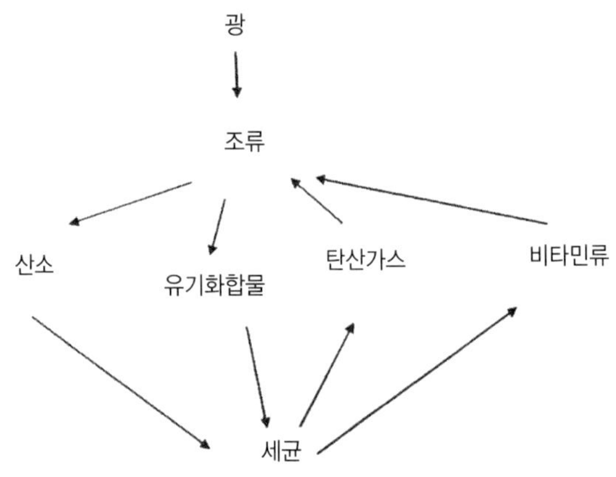

그림 1.2 탄소 및 산소 순환에 근거한 조류와 외부 착생세균 사이의 원시협동적 관계

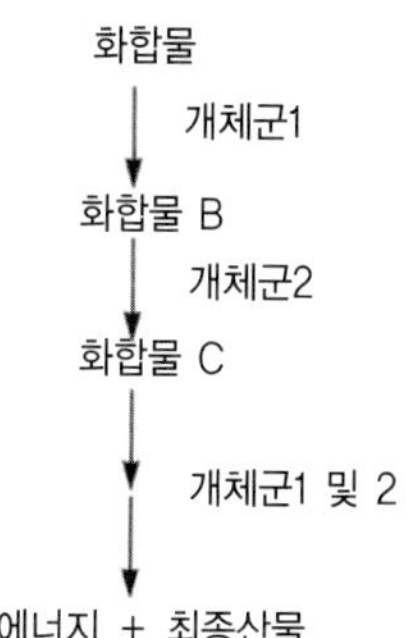

그림 1.3 교차섭식에서 볼 수 있는 원시협동 관계

를 가져오는데 필요한 효소가 결여되어 있기 때문에 다른 개체군의 협동이 없이는 그 이상 진행할 수 없다. 개체군 2는 화합물 A를 이용할 수 없으나 화합물 B를 이용할 수 있으며 이를 화합물 C로 변화시킨다. 개체군 1과 2는 공동으로 화합물 C 이후의 대사과정을 수행하여 어느 한 개체군 만으로서는 생산할 수 없는 필요 에너지와 최종산물을 생산한다. 다음과 같은 관계로 표시한다(*그림 1.3*).

합성영양의 예로서 *Streptococcus faecalis*와 *Escherichia coli*에서 볼 수 있다 (Gale, 1940). 어느 한 쪽의 세균만으로는 arginine을 putrescine으로 변화시키지 못한다. *S. faecalis*는 arginine을 ornithine으로 변화시킬 수 있으며 *E. coli* 개체군이 이것을 이용하여 putrescine이 생성된다. *E. coli*는 arginine을 이용하여 agmatine을 생산할 수 있으나 혼자서 putrescine을 생산할 수 없다. 일단 putrescine이 생산되면 *E. coli* 와 *S. faecalis*가 모두 이용할 수 있다는 것은 다음 그림과 같다(*그림 1.4*).

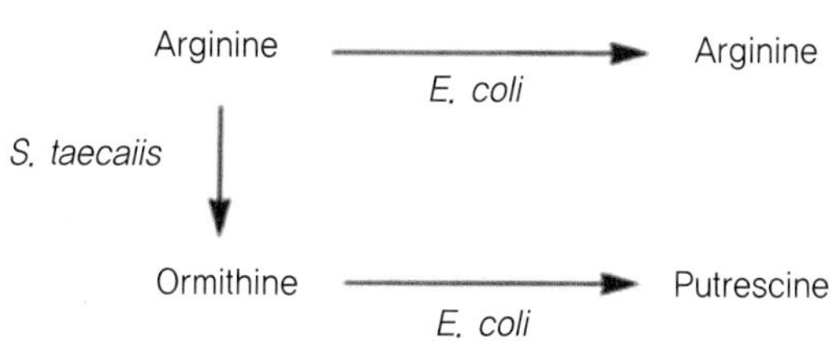

그림 1.4 Arginine으로부터 putrescine의 생성을 가능하게 하는 *S. faecalis*와 *E. coli*의 원시협동 관계(Gale, 1940)

4) 공생(symbiosis) 또는 상리공생(mutualism)

두 개체군의 증식에 공존하면서 이익을 서로 받는 것으로, 한 개체군으로서는 생존할 수 없는 것 즉 상호의존(mutualism)하면서 서식하는 것을 공생이라고 하며 두 개체군이 모두 이익을 받는 의무적인 절대적인 관계이다. 상호의존 관계는 물리적으로 접근이 쉽게 이루어진다. 이 관계는 대단히 특정적이어서 한 구성원을 보통 다른 관련 종으로 대체할 수 없다. 상호의존 관계는 한 개체군 만으로서는 점유할 수 없는 서식지를 생물이 차지할 수 있도록 해준다. 그러나 이는 이 개체군들이 다른 서식지에서 독립적으로 존재할 수 있는 가능성을 가지고 있다. 상호의존 관계에 있는 개체군들의 대사활동과 생리적 내성은 그 구성 개체군들이 독립적으로 존재할 때와는 크게 다르다. 미생물간의 상호의존적 관계는 이들이 마치 독특한 본체(identity)를 가진 하나의 생물로서 행동할 수 있도록 해 준다.

예로서 지의류(地依類, lichens)를 형성하고 있는 일부 조류 또는 사이아노박테리아 및 균류사이의 관계는 상호의존적으로 미생물 개체군 관계를 잘 유지하고 있다. 지의류는 1차생산자인 조류 구성자(phycobiont)와 소비자인 균류 구성자(mycobiont)로 구성된다. 조류 구성자는 광 에너지를 이용하여 균류 구성자가 이용하는 유기화합물을 생산한다. 균류 구성자는 조류구성자의 보호역할을 하여 광물질 영양분을 수송해 준다. 어떤 경우에는 균류 구성자도 조류 구성자가 이용할 수 있는 성장인자를 만든다. 조류구성자는 사이아노박테리아, 녹조류 또는 황녹조류(*xanthophycophyta*)의 종들이다. 녹조류인 *Trebouxia*와 사이아노박테리아인 *Nostoc*은 지의류 속의 가장 흔한 광합성 미생물이다. 지의류는 성장이 느리다. 대부분의 지의류는 극단적인 온도와 건조에 저항력이 있기 때문에 바위 표면 같은 열악한 서식지에서도 자랄 수 있다. 지의류는 바위의 광물질을 용해할 수 있는 유기산을 생성하여 바위 위에서 서식할 수 있다. 어떤 지의류는 대기 중의 질소를 고정할 수 있어서 일부 서식지에서는 결합형 질소의 중요한 원천이 된다. 예를 들면 툰드라 토양에 있는 지의류, *Peltigera*는 사이아노박테리아인 *Nostoc*을 함유하고 있으며 생물군집에 주된 질소고정원이 되고 있다. 지의류는 열악한 환경에서 서식하지만 공업적인 대기오염물질에 대하여서는 대단히 민감하며 공업화된 오염지역에서는 서식 하지 않는다.

5) 경쟁(competition)

한 집단이나 공동체에서 각각 서로 다른 생물이나 미생물이 한정된 특정영양물질, 공간, 기타 공통의 요구물에 대하여 서로 획득하고자 할 때 서로 싸워서 불리한 영향을 주는 것을 일컫는다. 이 경쟁 원리는 1934년 고즈(E.F.Gause)에 의하여 경쟁적

배타 원리로 설명 되었다. 즉 양성적 상호작용과는 대조적으로 경쟁은 두 개체군이 모두 그들의 생존과 성장에 불리한 영향을 받게 되는 두 개체군 사이의 음성적 관계를 나타낸다. 경쟁은 어떠한 성장 제한적 자원에 대해서도 발생할 수 있다. 탄소, 질소, 인산, 산소, 성장인자들, 물 등은 모두 미생물 개체군들이 경쟁할 자원이다.

6) 편해공생(片害共生, amensalism)

한 미생물 개체군이 다른 개체군들에게 해를 입이는 것을 말한다. 이것은 하나의 개체가 분비하는 화합물질이 다른 개체에 해를 입이는 일방적인 작용이다. 대표적인 예는 한 개체의 미생물이 다른 미생물을 억제하거나 죽이는 항생물질의 생산과 같은 것이다. 본 개체군에게는 영향이 없거나 경쟁상의 이익을 얻는다. 이러한 화학적 억제 작용을 나타내기 위하여 항생(antibiosis) 및 상대억제(allelopathy)란 용어가 사용된다. 자연적 서식지에서 개체군 간에는 해수중의 살균 바이러스(virucidal) 요인과 토양중의 항균작용과 같은 복잡한 편해공생의 관계가 존재한다. 편해공생은 한 서식지의 특권적 집락화를 야기 시킨다. 젖산이나 유사한 저분자 지방산의 생성은 많은 미생물의 억제제이다.

7) 기생(parasitism)

기생과 포식작용을 정확히 구별하기가 쉽지 않다. 기생은 한 쌍 중 한 개체가 다른 개체로부터 이익을 얻고, 다른 쪽인 숙주는 보통 해를 입는다. 기생은 숙주(宿主) 내에서 또는 숙주에 붙어서 영양을 얻는다. 기생에서 숙주와 기생체의 공존은 다양하다. 기생과 숙주관계는 비교적 긴 기간 동안의 접촉이 특징이며 이는 직접 물리적 접촉이거나 대사적 접촉일 수 있다. 두 개체의 균형에 따라 안정된 기생관계에서 포식작용이라 할 정도의 병리적인 관계로 변화될 수 있다. 기생자가 숙주 개체군 세포외에 서식하는 것을 내부 기생자(endoparasite)라 한다. 바이러스는 높은 숙주 특성을 가진 절대적 세포간의 기생자이다. 세균, 균류, 조류 및 원생동물 개체군마다 바이러스가 다르다. 세균 phage와 숙주 세균 사이의 상호환경적인 조건에 따라 달라진다. 숙주세균 및 phage는 저질(低質) 또는 퇴적물에서 점토 입자에 흡착될 수도 있다. 염분이 함유된 저질 환경에서 분변계 *E. coli*가 점토 입자에 흡착될 경우 파지의 공격에서 보호된다.

8) 포식(predation)

미생물의 세계에서 포식자가 먹이를 삼키거나 공격하는 현상이다. 먹이는 포식자 보다 클수도 있고 작을 수도 있다. 먹이는 일반적으로 죽는다. 그러나 기생과 포식의 구분은 뚜렷하지 않다. 예로서 *Bdelovibrio*와 이에 감염된 Gram 음성세균 사이의 상호작용은 기생으로 보기도 하고 포식으로 보기도 한다. 포식은 전형적으로 포식자인 한 생물이 피식자(prey)인 다른 생물을 삼켜서 소화할 때 일어난다. 포식자-피식자 상호작용은 짧은 기간 동안 존속하며 포식자는 피식자 보다 대부분 크지만 작은 경우도 있다. 환경이 일정하다고 가정하면 주기(cycle)의 크기는 초기의 개체군 밀도에 의하여 결정되며 똑같이 반복된다. 이론적으로 이러한 포식자-피식자 개체군은 영원히 순환된다.

1.5.4 미생물 생태계의 먹이연쇄

일반적으로 생태계의 먹이연쇄는 식물 → 초식동물 → 육식동물로 간단하게만 생각해왔다. 그러나 1980년대 들어 수계에서 현탁물질 먹이연쇄(부식성 연쇄 또는 분해자 연쇄)에 관한 세균과 관련된 연구가 많이 보고되었다. 수계에서 세균은 유기물 분해자, CO_2의 생산자로 잘 알려져 있었지만 현탁물질에 부착하여 분해하는 세균이 동물의 먹이로서도 중요한 먹이 역할을 하고 있는 것이 이미 보고되었다(李, 多賀, 1985).

해양에 분포하고 있는 세균이 먹이로서 실제 어느 정도의 중요성을 가지고 있는가에 대해서는 적어도 다음과 같은 조건을 생각해야 한다.

① 세균의 현존량은 동물의 포식량에 대응하여 충분한 현존량인가?
② 세균 포식동물로서 어떤 종류들이 있는가?
③ 포식된 세균이 포식자의 체내에서 어느 정도 소화되며 영양가가 있는가?
④ 포식되는 모든 세균이 동일한 영양 보급원이 될 수 있는가? 또는 섭취되어 독성작용을 하지는 않는가?

1.5.5 수계에서 세균의 존재 형태

해양 현장에서 세균 존재 형태는 두 가지로 나눈다. 즉 해수 중에 부유생활을 하는 세균(bacterioplankton 또는 free living bacteria)과 해수중의 현탁물질(입자)나 퇴적 입자에 부착하여 생활하는 세균(attached bacteria)이 있다. 최근에 연구에 의하면 5 ㎛의 여과지를 통과하는 해수 미생물중 1㎛ 이하의 미생물이 ^{3}H로 표시한 유기기질(Dglucose, acetate, L-serine)의 종속적 동화 활성의 약 90%라고 보고되고 있다. 이 결과는 해수 중에는 이미 부유생활을 하는 세균이 입자 부착세균 보다는 많이 분포하고, 또한 세균이 높은 생산력을 가짐을 나타내고 있다. 그러나 부착세균이나 부유세균의 비는 해양환경변화의 요건에 따라서 구성비가 각각 다르게 나타나기도 한다,

1.5.6 현탁물질(detritus)과 세균과의 관계

현탁물질이란 용어는 종종 많은 연구자에 의하여 내용이 명확히 규정되지 않고 있다. 대략 현탁물질을 3가지 형태로 표시해보면,

① 알 수 있을 정도의 분해과정의 동물의 잔사(殘渣),
② 동물의 분변 파편 등의 고형물,
③ 소위 해양중의 눈(marine snow)의 부정형 상태이다.

이 중 ③번의 경우, 해수 중의 심해를 촬영해 보면 관찰할 수 있다. ①과 ②에서는 표면에 수많은 세균들이 부착되어 있는 것이 현미경 관찰로 볼 수 있다. 따라서 이러한 것들은 현탁물질 포식자의 먹이로 이용 가능한 유기영양분이 많이 존재하고 있음을 알 수 있다. 지금까지의 연구에서는 다모류(多毛類), 패류, 갑각류 등의 많은 해상동물의 분(糞, coprophagy)이 먹이로서 큰 역할을 하고 있다. 이 분은 20℃의 해수 중에는 세균에 의하여 급속히 분해되고 세균도 증식한다. 대부분 3시간 이내에 분해가 시작되고 최종적으로는 무정형집합체(無定型集合體)로 변한다. 분변 중 gelatin

사진 1.2 해양세균에 의한 현탁물질 분해과정

모양의 부정형 기질 중에는 18~36 시간 후에는 세균이 대량 증식하고, 48~96 시간 후에는 세균을 섭취하는 원생동물이 증가하고, 그 이후에는 극히 소수의 미생물만이 기질 중에 남게 된다(*사진 1.2*).

1.5.7 세균의 현존량

해양에서 세균의 증식속도 또는 하루의 생산량을 정확히 측정하기에는 현재까지의 기법으로서는 여러 가지 문제가 있다. 그러나 현탁물질을 이용한 실험결과에서 현장의 해양세균의 세대 시간은 20~100시간으로 추정되기 때문에 해양에는 빠른 속도로 세균의 생산이 진행되고 있다고 생각되어 진다. 따라서 최초 생산량(B)에 대하여 일정시간의 생산량 증가를 (P)로 표시하고, 그 비를 P/B의 값으로 산출하여 생물 증식 속도에 관하여 하나의 척도로서 생각할 수 있다. 이와 같은 척도는 과거 소련의해양 미생물 학자들이 자주 사용해 온 것으로 해양현장의 세균생산량을 추정하는 데 편리한 척도이다.

Sorokin(1978)은 이 방법을 사용하여 해양의 세균 생산량을 기록하였다. 이 관측의 결과에 의하면, 여름의 연안해역에는 식물플랑크톤 B가 70~150 $mgCm^{-3}$, P가 30~60 $mgCm^{-3}day^{-1}$로 되어 있는데, 부유세균의 B는 50~200 $mgCm^{-3}$, P가 30~70 $mgCm^{-3}day^{-1}$, P/B(1일당)는 0.3~1.0이고, 태평양 적도 해역에는 식물 플랑크톤의 B가 1~3, P가 2~5로 P/B(1일당)는 1~3이다. 이러한 해양현장에 있어서의 관측 사례는 세균의 생산량 또는 생산량이 해역에 따라서 식물 플랑크톤에 비교가 되지 않으며 특히 열대 해역에는 세균의 생물량이 하루에 약 3배로 증가하는 가능성이 있는 것을 나타내고 있다. 따라서 해양에 있어서의 세균의 현존량은 해양 동물에 포식되고 그 섭취량이 많은 것으로 추측된다. 지금까지 다양한 실험적 연구들이 검토되고 있다. 연구결과에 따르면 다음과 같다.

1) 원생동물: 일반적으로 원생동물이 세균을 포식한다는 것은 잘 알려져 있는데 해양에 미생물은 많은 양으로 존재하고 있다. 해수중의 미소동물 플랑크톤으로서 출현한 섬모충류 *Uronema* sp.와 *Chromobacter* sp., *Pseudomonas* sp., *Vibrio* sp., *Micrococcus* sp. 및 *Serratia* sp. 등의 해양성 균주가 먹이로서 배양가능하며, 같은 *Uronema marinum*은 모래에서 분리된 *Vibrio* sp.의 먹이로서 증식에 좋은 것이 확인되었다. 하구에서는 기수역으로 *Monadidae* 및 *Bodonidae*과에 속하는 각각 한 종 또는 *Amphimonadidae*과에 속하는 3종의 무색 편모충류(3～10 ㎛)가 해수

에 공존하는 세균을 섭취하여 양호한 증식을 하는 것이 밝혀졌다.

2) 고착동물: 패각을 깨끗하게 씻은 6~9 ㎝의 담치 *Mytilus californlanus*를 부유물을 제거한 저장 해수에 넣어 *Rhodococcus gilis* 및 *Bacillus marinus* 균주의 씻은 균체를 투여하여 공기를 넣어주면서 배양한 결과, 90일 후에는 담치의 체중이 각각 12.4% 및 9.7% 증가하였다. 즉 담치의 장내에는 세균이 섭취되어 사료역할을 하고 있었다. 현미경으로 관찰한 결과, 31종의 해양세균이 먹이 중 3균주를 제외하고는 균체가 소화되었다. 한편, 해산해면류(海産海綿類)는 해수중의 세균을 최고 77% 섭취하는 등 세균이 중대한 먹이역할을 하고 있다.

3) 저서생물: 현탁물질의 포식자, 침적퇴적물의 포식자는 주로 저서생물이다. 미소 benthos 군집이 먹이로서 세균을 섭취, 동화한다는 것은 잘 알려져 있다. 예로서 저질중의 갯지렁이 *Capitella capitata*와 세균과의 먹이관계(이 등, 2003)가 보고되어 있다. 세균의 계수법으로 동물이 섭취한 세균이 실제로 소화 중에 이용된다면 소화의 내용물인 세균 세포수는 자동적으로 감소된다(직접 계수법으로 측정). 세균을 섭취했는지에 관해서는 ^{14}C나 ^{3}H를 이용하여 측정하기도 한다.

4) 동물 플랑크톤: 일반적으로 식물성만 먹는다고 알려진 요각류(copepoda)인 *Calanus helgolandicus*는 살아있는 규조세포 뿐만 아니라 현탁물질로 된 규조류나 직접 배출된 분변을 섭취한다. 동물 플랑크톤에 의한 세균의 섭취는 명확히 밝혀졌다. 동물 플랑크톤이 현탁물질이나 분변을 만들 때 세균은 다량으로 포식된다. ^{14}C나 ^{3}H는 미생물의 영양물 섭취 등의 표지자로서 처음량과 섭취되었을 때 생체 세포내에 어느 정도의 시간과 양적인 관계를 측정한다.

1.5.8 섭취된 세균량과 동화효율

해산동물에 대한 세균의 먹이가치를 명확히 이해하기 위해서는 개개의 동물에 포식된 세균체의 산소가 어느 정도로 영양원으로써 동물체에 동화되는가를 양적으로 알 필요가 있다.

*표 1.2*는 부유성, 고착성 및 저서성의 여러 종의 해산동물 1일당의 상대적 섭취량과 동화효율의 감소를 구한 결과이다. 이 결과를 보면 세균의 상대적인 섭취량은 동

물에 따라서 2.2~24% 범위로 상당한 차이를 보였다. 동화효율은 26~85% 범위로 비교적 높은 값 이었다. 그러나 요각류는 종에 따라서 식물 플랑크톤보다 세균을 더 많이 섭취하는 경우도 *표 1.3*에서 알 수 있다. 따라서 동물에 대한 사료로서 세균의 유효성은 충분하다고 할 수 있다.

표 1.2 서로 다른 해산동물의 1일당 세균의 상대적 섭취량(R, %)과 동화효율(A, %) (Sorokin, 1987)

동 물 명	사 료	R(%)	A(%)
지각류(枝脚類; *Penilia avirostis*)	a	6.0	51
요각류(橈脚類; *Eucalanus attenuatus*)	a	9.2	42
요각류(橈脚類; *Paracalanus parvus*)	a	24.3	55
산호(珊瑚; *Pocillopora damiconis*)	a	15.2	64
해면류(海綿類; *Toxadocea violaces*)	a	3.9	85
굴(貝類; *Carassostrea gigas*)	a	2.2	68
해삼(海蔘; *Ophiodesoma spectabillis*)	b	10.4	26

a: ^{14}C로 표시한 부유세균, b: 퇴적물 중에 표시된 세균.

표 1.3 *Tigriopus japoncus*의 각 생장기의 체중 증가에 대한 24시간 섭취된 사료세균량의 전환효율(李, 多賀, 1983)

생장기	(P)체중증가 (μg-C/개체)	(C)섭취세균량* (μg-C/개체)	E.C.I** P/C(%)
nauplius	0.024	0.114	21.1
copepotide	0.130	0.239	54.3
成體	0.230	0.564	40.8

* 시료세균(*Acinetobacter* sp. AG-3)이 섭취되어 감소한 세균수를 형광현미경 직접계수법으로 구하여 그것을 탄소량으로 환산한 값

** E.C.I: Efficiency of conversion of ingested food to body substance(섭취사료의 전환효율)

위의 실험결과는 짧은 시간의 관찰이기 때문에 세균의 충분한 영양가의 평가가 포함되어야 한다. 李와 多賀(1983)는 tide pool에 서식하고 있는 *Tigriopus japonicus*의 성체에서 채취한 알(卵)을 thimerosal로써 무균화한 후, 그 알에서 무균적으로 부화시킨 nauplius 유생에 세 균주를 먹이로 투여하여 성장시킨 copepotide 유생과 성체(adult)를 가지고 실험하였다. 사료로 사용한 균주는 tide pool에서 분리한 수종의 세균주 중 선택실험에서 유효성이 인정된 *Acinetobacter* sp. AG-3를 사료세균으로 하였다. 먼저 각각 생장기의 *Tigriopus* 개체에 의한 24시간의 섭취세균량(C), 균체증가량(P) 및 각각의 값을 탄소량으로 환산하여 구한 섭취사료 전환효율(E.C.I.,P/C%)을 측정한 결과 표1.3과 같은 결과를 얻었다. 이 결과를 보면 *Tigriopus*의 생장기에 있어서 포식된 세균량(탄소환산량)과 그것이 동물체 성분에 전환된 효율과는 달라져 있는 것으로 어느 쪽을 하더라도 *Tigriopus*의 증식에 대한 세균이 충분한 사료 가치를 가지고 있는 것이 판명되었다. *표 1.4*는 한천 배지상에서 *Tigriopus*를 배양한 것이다. 삼각플라스크(500 ㎖용)에 한천배지(PPES-Ⅱ)와 멸균해수를 넣은 다음 무균화시킨 nauplius 유생 15개체와 사료균주를 접종하여, 장기배양을 시도해 본 결과, 90일 후에는 전 개체수가 당초 개체수의 약 60배로 증가한 것을 알 수 있었다. 즉 세균이 동물 플랑크톤 증식의 유지에 영양적으로 가치가 있는 것을 알 수가 있었다.

표 1.4 해양세균 *Acinetobacter* sp. AG-3를 투여한 결과 장기배양에 있어서 *Tigriopus*의 개체수 증가(李, 多賀, 1983)

	배 양 일 수								
	0	10	20	30	40	50	60	70	90
nauplius	15	0	0	12	27	27	**	**	**
copepotide	0	3	0	20	40	170	**	**	**
adult	0	7	10(6)*	8(4)*	30(10)*	120(32)*			
total	15	10	10	40	80		560	750	980
pH	7.6	7.5	7.6	7.6	7.6	7.4	7.4	7.3	7.0

배양온도: 20~24℃, * ( )중의 숫자: 포란 개체수, ** 개체수의 계수 불가능

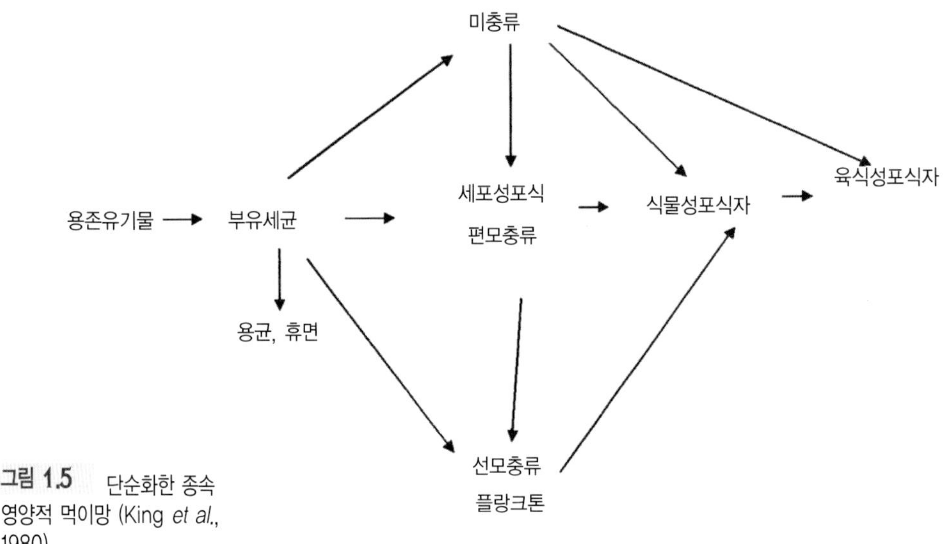

그림 1.5 단순화한 종속 영양적 먹이망 (King *et al.*, 1980)

1.5.9 세균을 포함한 먹이망

부유상태로 있는 현탁물질(detritus)에 부착한 상태의 종속영양세균이 여러 종의 해산 동물의 사료로 되는 실험 결과를 종합해 보면, 해양생태계에 있어서 종속영양적 먹이 연쇄망을 표시할 수 있다. *그림 1.5*에서는 해수 중의 용존 유기물을 이용하여 생산된 부유 세균이 주축이 되어 우측방향으로 고차적 영양단계까지 진행된 먹이 연쇄망으로 상대적으로 중요하나, 한편 세균의 탄소가 직접 동물플랑크톤의 체구성이 되어 육식동물(어류 등의 치 · 자어)로 이동하는 먹이연쇄는 energy의 손실도 적고 효율이 좋은 연쇄경로를 나타낸다.

또한 Heinle 등(1977)은 서식하고 있는 동물 플랑크톤이 detritus 및 여기에 공존하는 미생물을 포식, 이용하는 경우의 가능한 결과를 나타내었다(*그림 1.6*). 동물 플랑크톤 실험 결과는 조류(藻類)와 현탁물질을 합쳐서 포식하는 것은 그림 ⑧이 저서생물로 *S. candadensis*에 대한 영양효과란 점에는 중요하고, 한편 세균을 포식하는 경로는 ①-④, 또는 원생동물을 포식하는 경로는 ①-②-③이나, ⑤-③도 부유성 *E. affinis*에 대해서는 가능함을 보여준다. 이와 같은 먹이연쇄의 그림 식에서는 사료 중

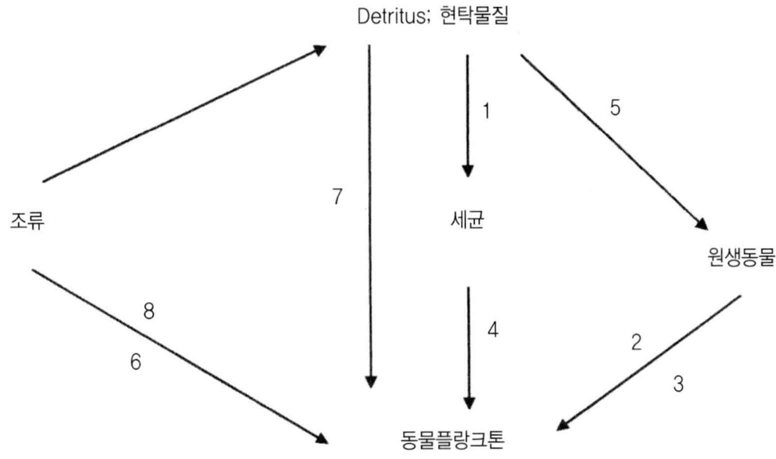

그림 1.6 부유성 동물 플랑크톤 *Eurytemora affinis* 및 저서성 동물 플랑크톤 *Scottolana canadensis*에 의한 해역 유기 현탁물질과 미생물 먹이연쇄 (Heinle *et al.*, 1977)

energy의 이동효율의 관점에서 생각하면 포식자가 조류 또는 현탁물질을 직접 섭취하는 경로가 가장 효과적으로, 기타 2단계 또는 3단계의 포식경로에는 최종적으로 이용되는 energy가 극히 적은 부분으로 되는 것이 확인되었다. 그러나 적어도 해양 생태계에 있어서는 이 모델이 표시한 많은 경로가 중요시되어 복합적인 경로는 생태계에 있어서 영양관계를 안정화시킨 점이 효과적이라 생각된다.

1.5.10 연속 배양에 의한 세균과 원생동물의 관계

연속배양에는 미생물 환경조건을 일정하게 유지해야 하기 때문에 미생물의 다른 종간의 상호작용을 검토하는 것이 무엇보다도 유용한 방법이다. 연속배양에 관하여 약간의 연구가 있으나 효모 및 세균에 대해서는 두 종의 미생물 연속 혼합배양에 의하여 공생, 경쟁 등의 상호작용을 검토한 보고가 있다. 이 경우 편리공생 및 공생으로는 정상상태를 유지한다. 또 경쟁에서는 증식속도가 낮은 쪽의 미생물이 배양계에서는 소실되고, 포식 또는 기생에서는 양자의 개체군에 주기적으로 진동이 계속된다. 세균과 섬모충류와의 연속배양의 성공적인 예는 극히 드물지만 *Colipidium*

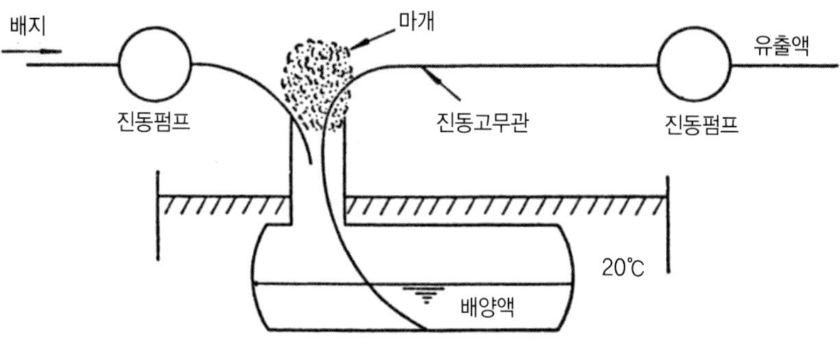

그림 1.7 연속 배양 장치 (Sudo 등, 1975a 변형)

과 *Alcaligenes faecalis*와의 연속배양의 결과를 예로서 양자 간의 개체군의 관계를 참고해 본다.

*Alcaligenes faecalis*의 제한기질에는 asparaginic acid(0.5 g/ℓ) 사용, 연속배양장치는 *그림 1.7*에 나타난 L형 배양플라스크(working volume: 300~400 mℓ)를 사용한다. 원생동물은 강한 진탕 및 교반에서는 증식하지 않기 때문에 이 L형 플라스크를 시소형 진탕기로써 30회/분당의 진탕을 한다. 이 L형 플라스크에 전동 pump로써 일정량의 배지를 공급하고 공급과 같은 속도로 진공펌프로 뽑아내어 연속배양을 한다. 배양온도는 20℃이고 최초 *Alcaligenes faecalis*로 접종하여 48 시간 회분 배양을 하였다. 이어서 *Colpidium campylum*을 접종하여 24시간 회분 배양을 시행하고 설정한 희석률로 asparaginic acid 배지에 배양한다.

*그림 1.8*은 희석률 D = 0.065/hr로써 연속혼합의 결과를 나타낸 것이다. 본 그림에서 약 100시간 주기진동을 느낄 수 있고, 오염 없이 약 300시간 연속 배양이 가능하였다. 즉, 원생동물이 증가하면 세균이 감소하고, 세균이 어느 정도 감소하면 원생동물의 증가가 시작되어 양자의 미생물 농도의 최고와 최저치가 완전히 역으로 되어진다. *Colpidium campylum*은 4 mg/ℓ (2.5 × 10^3 mℓ)~18 mg/ℓ (1.1 × 10^4 mℓ), *Alcaligenes faecalis*는 21 mg/ℓ (3.7 × 10^7mℓ)~52 mg/ℓ (9.4 × 10^7 mℓ)의 범위이다. *Colpidium* campylum의 농도가 낮을 때에는 세균의 응집이 완전히 인정되지 않기 때문에 농도가 4 mg/ℓ 에 달한다. 세균이 응집하게 되면 다시 *Colpidium campylum*이 10 mg/ℓ 에

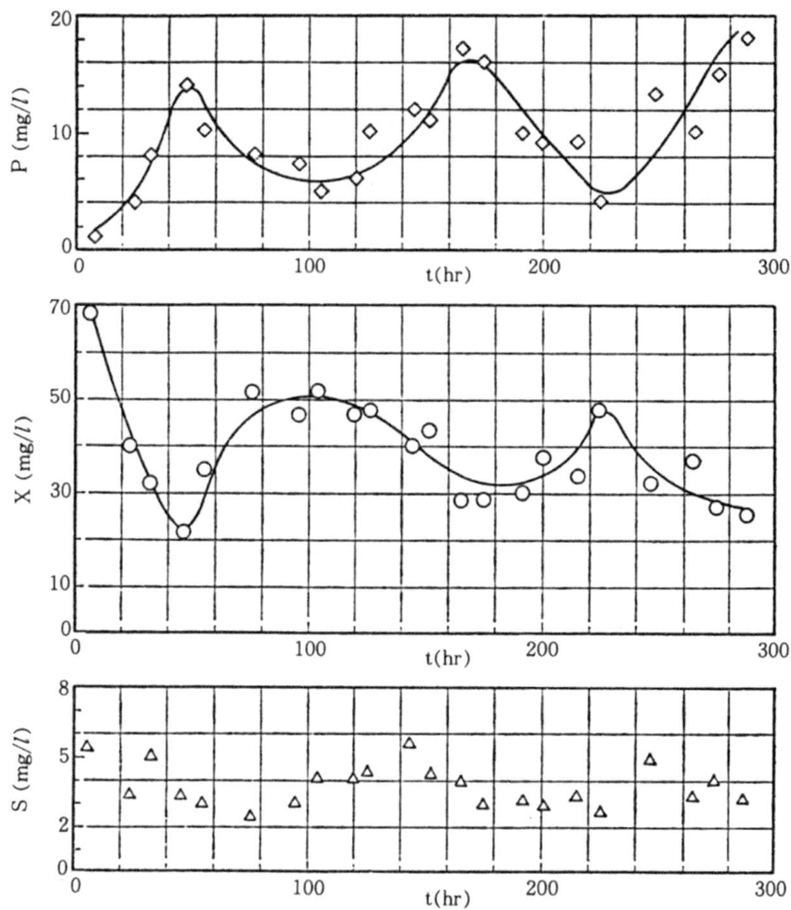

그림 1.8 *Acaligenes faecalis* 와 *Colpidium campylum*과의 혼합연속배양 (D=0.065 hr^{-1}, Sudo *et al.*, 1975)
X: 균체농도, S: 잔존기질농도, P:원생동물
° 제어기질(아스파라긴) 농도, -S; 세균(*A. faecalis*) 농도, -X;
원생동물(*C. campylum*) 농도, -P.

이르고, 큰 세균의 floc이 형성된다. 세균 응집 관계는 세균과 원생동물 간에 큰 요인이 작용한다고 생각된다. 원생동물의 점질물에 관여하고 세균이 응집되는 floc이 원생동물의 섭취 등에 관계된다(*그림1.8*).

1.5.11 해양표영층(海洋漂泳層)의 먹이사슬

해양생태계에서 1차 생산자에 의하여 생산된 유기물 energy가 어떠한 단계로 어느 정도 고차적 영양단계까지 전환되는가? 즉 먹이사슬의 구조와 먹이사슬을 통하여 energy 전송과정을 정성적으로나 정량적으로 해명할 수 있을까?를 생각해 볼 수 있다. 일반적으로 천해역(淺海域)의 경우 대형식물이 1차 생산자라고 하지만 공장이나 생활하수 등으로 인한 유기물질이나 현탁 물질이 세균에 의하여 분해되고 유기물질이 무기화되는 기초적인 원인이 큰 역할을 하고 있다. 해양에서 가장 많은 공간을 차지하고 있는 표영층(漂泳層, pelagic zone) 즉 해수 중에는 현탁물질(懸濁物質)이 많으며 여기에 부착하여 생활하는 미생물들은 유기물질을 무기화하여 식물플랑크톤 등이 이용함으로서 대량 번식하여 1차생산자의 역할을 한다. 이 식물플랑크톤은 동물플랑크톤의 먹이가 되며(植食性動物) 다시 어류(魚類)등의 육식성(肉食性)에 의하여 먹이사슬이 형성되는 것이 기본개념이다. *그림 1.9*는(kogure et al.,2006) 크기별(size) 생물군(生物群)과 먹이사슬을 표시한 것이다. 이 그림에서 최고위(最高位)의 어류(mega 動物)의 생산량을 1로 했을 때 경우 상대의 생산량을 비교표시한 것이다.

그림에서 가장 기본이 용존(溶存態)유기물질이 pico이하의 크기에서 mega인 동물플랑크톤 까지 먹이사슬과정을 나타낸 것인데 먹이사슬에서 가장 중요시 되는 것이 용존태 유기물질이고 이것은 육상의 여러 요인에서 유입되는 것도 있지만 주로 해수중의 현탁 물질이 세균에 의하여 분해되기 때문이다. 현탁 물질은 일반적으로 생물의 사체(死體)나 분(糞), 비 생물체의 조각(파편)등으로 형성되어 있는데 매우 다양한 물질이 응집되어 있다. 일반적으로 미생물중 세균이 1차적으로 분해하여 입자성 유기물질과 용존태 유기물질, 용존태 무기물질 등으로 전환된다. 또한 다양한 미소 생물들이 부착하여 생활하기도 하는데 이것이 주로 요각류(橈脚類)의 먹이가 된다. 현탁 물질 자체가 하나의 먹이입자로 되는 경우는 크기가 대형화된 mega형의 먹이다. 표층의 경우는 광합성이 일어남과 동시에 다른 생물을 포식하는 혼합영양을 나타내는 와편모조류(渦鞭毛藻類)나 원생동물 등이 식물과 동물과의 중간적 영양섭취를 하는 생물군도 존재한다.

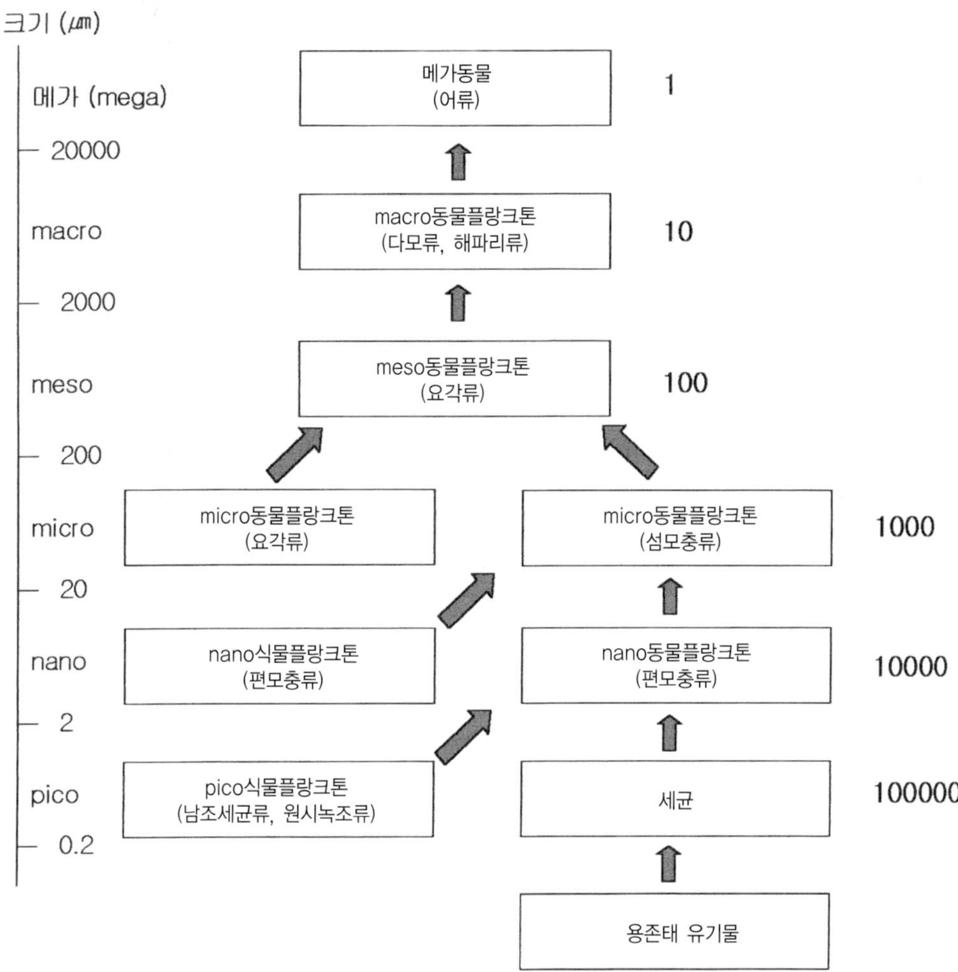

그림 1.9 주요 생물군의 크기에 따른 먹이사슬관계를 표시(kogure등,2006)
최고위 어류의 생산량을 1로 할 경우에 상대적 생산량을 우측에 표시함

1.5.12 수계의 미세조류의 역할

수계미세조류의 대부분은 유기물질 중 특히 질소화합물을 잘 이용한다. 하천이나 연안 해역으로 유입된 오염물질에는 다양한 유기물질이 함유되어, 봄에서 하절기로 접어들면 수온상승에 따라 미세조류가 대량 번식하는 경우가 있다. 부산 근교의 낙동강 하류에는 질소화합물질이 주영양원으로 녹조현상이 발생한다. 오염된 유기물질을 세균이 분해하여 무기화되면 미세조류가 이용하여 번식하게 되고 먹이사슬의 작용으로 인하여 환경정화 작용도 한다. 미세조류인 클로렐라 등을 이용하여 윤충류(rotifer)나 알테미아(artemia)등의 먹이가 되고 이들이 다시 자치어(仔稚魚)의 먹이가 되어 양식업의 기초 먹이로 사용된다. 또한 담수용 클로렐라의 엽록소와 단백질을 이용하여 영양공급이나 체질개선에 도움을 주는 기능성 식품으로 인체에도 이용한다(주)한국클로렐라). *그림 1.10*은 담수용 클로렐라이다. 클로렐라를 (주)한국클로렐라에서는 특수 배양법으로 배양하여 엽록소, 담백질 함량과 불포화 지방산 함량을 높인 것으로 알려져 있다.

그림 1.10 담수용 클로렐라 - 윤충류, 동물플랑크톤에는 물론 기능성 식품으로 체질개선으로 이용된다

1.6 방법론

미생물 생태학의 연구 방법은 앞에서 기술한 바와 같이 두 가지의 연구 방향으로 크게 나눌 수 있다. 하나는 다양한 자연환경의 서식처에서 분포하고 있는 미생물의 분리, 동정 및 현존량과 대사활동 등의 특징을 분석하여, 미생물이 생물생태계에 있어서 먹이연쇄 작용 등 생물지화학적 순환에 관한 잠재력을 추정하고, 생물생태계의 흐름 전체를 파악하고자 하는 것을 초점으로 하는 연구이다. 다른 하나는 다양한 환경 속에서 서식하는 수많은 미생물 중 활성을 가진 미생물을 분리, 동정하여 현존량을 파악하고 대사활성, 물질생산 활동과 현장(서식처)의 물리, 화학적인 환경요인과의 관계, 생성물질, 즉 독성물이나 영양물질 등이 생물 생태계에 어떠한 영향을 줄 것인가를 초점으로 하는 연구이다.

미생물이 서식하는 다양한 장소를 생각해보면 여러 가지의 환경요인이 있으나 그 중에서 영양물질이 중요한 요인 중의 하나이다. 일반적으로 실험실에서 연구 목적을 위하여 배지를 만들고 온도 등 환경 조건을 조절하여 배양할 경우 영양물질의 농도는 항상 일정하다고 볼 수 있다. 그러나 자연환경의 생태계에 있어서 영양물질의 공급은 다량으로 유입될 경우와 유입되지 않는 경우 즉 불연속적인 경우가 있다. 경우에 따라서는 완전히 영양물질이 고갈될 경우도 있다. 이러한 경우 실험실에서 얻은 data와 현장 data의 관계를 충분히 고려하여야 한다.

자연환경에서 영양물질이 고갈될 경우, 미생물들은 예비물질을 쓸 수 있는 저장성 중합체를 합성할 수 있는 생화학적 시스템을 갖고 있다. 미생물의 예비중합체는 생장에 알맞은 조건에서 영양분이 풍부할 때 여분의 영양분을 중합체 상태로 저장하였다가 영양이 고갈되었을 때 사용한다. 예비물질로서는 다당류(polysaccharides), 다인산염(polyphosphate), 알카노산염(alkanoates), 폴리베타하이드록시 뷰틸산염(poly-β-hydroxybutyrate)등이 있다. 그러나 이러한 물질을 사용할 지라도 생리, 화학적 조건이 최적조건이 되지 않으면 미생물의 증식속도, 생성물질 등이 달라질 수 있다. 실험실에서 최대조건으로 배양된 미생물과는 성장속도 형태 등도 다를 수 있다. 또한 자연환경이 특수한 성분을 가진, 즉 극미량의 제한원소가 함유된 환경의 미생물은 일반적으로 실험실에서 배양하는 환경에서는 증식되지 않는 경우가 많다.

자연환경에서나 실험실에서 쉽게 배양 관찰될 수 있는 대장균의 경우도 환경조건에 따라 달라진다. 즉 자연환경에서 1회 분열시간이 12시간 걸리는 균을 실험실에서 최적 배양조건을 주게 되면 20분 만에 분열이 시작된다. 따라서 자연환경이나 실험실에서 실험조건을 충분히 고려하여야 한다. 영양물질 만으로 생삭할 경우 미생물간에도 같은 환경 속에서 치열한 경쟁이 생긴다. 영양물질의 흡수율 등에 따라 미생물 개체 간에도 증식속도가 다르다. 미생물간의 경쟁에 따라서 한 종류의 미생물이 다른 종류의 미생물 성장 또는 대사작용을 저해하기도 한다. 항생물질과 같은 저해물질을 분비하거나 또는 생리적 활동의 결과로서 생산되는 산(당분해산물)과 독성물질의 생산으로 경쟁상대의 활동을 저해하는 경우도 생긴다. 한 종류의 영양물질을 두고 경쟁하는 대신에 어떤 미생물들은 두 종 이상의 영양물질을 변화시키는 경우도 있고 한 영양물질에 두 종 이상의 미생물이 동일한 미세환경을 점유하면서 공존하는 경우도 있다. 이와 같이 미생물은 혐기적인 환경이나 호기적인 환경에서 상호작용을 하면서 공존하는 균의 특징을 가지고 있다. 특히 동일한 미세환경을 점유한 두 종류의 미생물이 같이 공존하는 것 중에 한 종의 미생물이 생산한 대사산물이 다른 미생물에 의하여 용이하게 이용되는 일도 있다. 따라서 이러한 모든 점을 고려하여 현장조사와 실험실의 연구 결과를 토대로 목적하는 연구 방향을 설정하는 게 바람직하다.

1.7 연구의 기본자세

미생물 생태에 관한 연구는 미생물의 분류학에 관한 기초적인 지식을 습득하고 목적대상 미생물에 관하여 서식장소의 물리, 화학적 요인의 특징과 미생물과 관련된 생물 생태계의 특징을 조사하여야 한다.

미생물 생태의 연구는 크게 두 방향으로 생각할 수 있다. 하나는 연구대상 지역이나 해역 등에 미생물의 분포 현존량을 중심으로 자연의 생물생태계를 파악하고자 하는 연구인 경우와, 다른 하나는 자연생태계에 분포하고 있는 미생물을 현존량과 분리, 동정된 미생물이 생성하는 물질 성분이 어떻게 이용 가능하며 다른 생물에 어떠한 영향을 줄 것인가, 현존량이 생태학적인 측면에서 어떠한 영향을 줄 수 있는가, 조사환경 등에 관한 전체의 환경과 생태적인 관계를 연구대상으로 하는 것으로 나눈다.

예를 들어 해양에 분포하고 있는 해양미생물은 그 현존량과 조사대상 해역의 환경적 특성에 관한 연구로서 생물생태계 즉 식물 동물플랑크톤, 원생동물 등과의 먹이연쇄 작용, 물질순환에 있어 해양미생물의 역할 등의 해양생태계 전체의 흐름을 파악하는 경우가 있고, 다른 하나는 어느 특정한 해양환경에서 분리한 미생물과 미생물이 생성하는 특정한 물질 즉, 독성물질이나 신소재물질이나 영양물질 등이 어떻게 이용가능한가의 종적(縱的;수직적)인 연구로 하나를 깊게 연관시켜 연구하는 경우이다. 그러나 어느 방향으로 목적을 두고 연구를 하더라도 기본적인 연구조사에는 우선적으로 다음 사항들을 지켜서 미생물이 서식하고 있는 환경을 미리 예측하고 조사할 필요가 있다. 물론 대상 미생물의 조사 목적에 따라 조사 항목도 다양해질 수 있으나 언제든지 연구조사 계획을 작성하고 계획에 따라 연구조사가 진행되어야 한다. 따라서 다음 사항들을 유의하여야 한다.

1) 야외(현장)조사는 인원, 교통 관계, 경비 등을 고려하여 효과적이고 능률적인 조사가 되도록 하여야 한다. 특히 연안해역이나 외양을 조사할 경우 조사해역에 관해 조사된 자료를 통하여 환경적 특징, 오염원, 하천수의 유입, 선박 등의 통로, 기타 관련된 예비지식을 가지는 것이 효율적인 조사를 할 수 있다. 또한 대상 수역의 위치, 주변의 지리적인 특징을 알기 위하여 축소된 지형도(地形圖), 해도(海圖) 또는 안내서 등을 수집하여 조사 계획을 세워야 한다. 예로서 호수일 경우 유출수(流出水)가 유입되는 경로, 하천수(河川水), 호수의 면적관계, 주변의 도시, 하천일 경우 본류(本流)의 경사정도가 어떠한가, 지류(支流)의 합류점(合流点) 또는 하천(河川)이 도시의 중심부(中心部)로 흐르거나 APT 주변으로 흐르는 경우, 연안해역으로 유입(流入)되는 하천수 등 이미 조사된 기초 자료가 있으면 참고하여 조사하는 것이 가장 효율적이다.

2) 그러나 지형도, 해도나 조사된 자료만으로는 실제의 현장상태를 확인하기 전에는 어려운 점이 있기 때문에 조사대상 지형이나 수역(하천, 호수, 연안, 외양 등) 등을 직접 예비조사 실험하는 것이 대단히 중요하다. 현장에서 호수의 크기, 수심 등을 측정해 보거나 연안 해역의 경우 어떤 해류의 영향을 받고 있는가? 유속은 어떠한가? 오염원은 무엇이며 어느 정도인가? 또한 하천수의 유입, 통행하는 선박 유무 등을 고려하여 조사정점의 위치나 정점 수를 정하고 어느 정도가 필요한가의 수정문제, 또한 선박은 어느 정도가 가능한가? 숙박시설, 교통편 등도 미리 조사되어야 한다. 조사 기간도 계절별, 월별, 주기별 특정한 시기에 따라 어떻게 정점을 설정할 것인가를 생각해야 한다. 따라서 연구실에서 계획한 것과 현장의 일치 여부를 수정 확인이 된 후 본 조사를 하는 것이 바람직하다.

3) 조사계획이 완성되면 계획에 따라 어떤 장비를 준비하고 정점수(조사해야할 장소의 수)에 따라 또한 환경요인 등을 생각하여 미생물 배양 등에 필요한 희

석수, 배지 등 필요한 양을 미리 준비해야한다. 특히 정해진 시간에 효과적으로 연구가 진행될 수 있게 계획을 세워야 한다.

4) 복장은 계절에 따라 차이는 있겠지만 긴 바지나 셔츠, 모자, 수건, 면장갑, 고무장갑, 장화 등을 준비하고 기록지(記錄紙), 유성펜, 정점(조사지점)이 표시된 지도(해도) 등 현장에서 시료 채취 시 불편한 점이 없도록 준비해야 한다. 기록지(記錄紙)의 표지는 견고한 것으로 하고 물이나 기타 물질 등의 오염을 피하고 시간, 기온, 수온(온도), 기타 시료 채취 시에 필요한 모든 사항을 기록하여 자료 분석에 참고 자료로 사용한다.

5) 미생물 시료 채취용 장비가 동물 식물플랑크톤이나 기타 생물 등의 시료 채취 장비와 다른 점은 각 정점의 시료 채취 시에 멸균된 것을 사용해야 한다. 목적하는 각 정점에 분포하고 있는 미생물(현탁물질, 기타 부착생물 등)만을 채취할 수 있어야 하며 다른 조사지점(정점)의 미생물이나 기타 장비 등에 부착되어 있는 미생물이 목적 지점(정점)의 시료에 오염되어서는 안 된다. 따라서 미생물 시료 채취용 장비는 반드시 멸균되어야 하고 특히 호수 연안해역 또는 외양의 수심이 깊은 곳의 수층별 시료는 미생물 채취용 특수 장비를 사용할 수 있도록 준비하여야 한다.

6) 조사 정점의 물리 화학적인 요인 등을 조사하기 위해서는 pH 측정기, 투명도판, CTD, vandohn 채수기, niskin 채수기, 채니기, 용존 산소병 및 고정시약, 폴리에틸렌병(300㎖, 500㎖, 1ℓ) 등을 준비하여 질산염, 아질산염, 암모니아, 인산염 등을 측정할 수 있게 준비하여야 하고, 화학적 산소요구량(COD), 부유물질(SS) 등을 목적에 따라 측정할 수 있어야 한다. 기타 대기 중의 오염도, 토양 등의 조사에 필요한 장비 등을 준비해야 한다.

이상과 같이 미생물의 서식 환경조사를 함과 동시에 어떤 미생물이 존재하며, 이들 미생물의 대사활동의 특징은 무엇이며, 조사할 미생물을 분리 동정하여 현존량이 어느 정도인가를 파악함과 동시에 활성이 어느 정도인가를 파악해야 한다. 이러한 문제들에 대한 지식을 가지게 됨으로써, 궁극적으로 생물지화학적 순환에 관한 생태계의 잠재력에 대한 중요한 자료를 제공할 수 있다. 즉, 활성이 있는 미생물의 현존량을 파악하여 시, 공간적인 관계 활성에 의한 물질생산과 생태계에 주는 영향 등을 현장에서 실험실과 연관시켜 그 원리를 해석 이해하고 이용할 수 있는 자세를 가져야 한다. 이상은 주로 수계에서 조사되는 것이다. 수계(水界)현장에서 많이 사용되는 대표적인 장비는 그림과 같다.

사진 1.4 난센채수기. 옆 사진은 난센채수기에 고무구를 부착하여 미생물 시료를 채취하는 모습. 왼쪽 상단 사진은 난센채수기의 진열. 왼쪽 하단 사진은 난센 채수기에 부착하는 고무구이다

사진 1.5 반돈채수기. 20~25ℓ 의 해수를 채수할 수 있다. 해수의 성분, 식물 플랑크톤, 미소 생물의 분석을 위한 시료를 채취할 수 있다

연습문제

1. 미생물 생태학을 설명하고, 생물 생태계에서 미생물은 어떠한 역할을 하는가?
2. 미생물 생태 연구의 두 가지의 방향에 관하여 설명하여라.
3. 생태학적 미생물 연구법에 관하여 설명하여라.
4. 미생물 생태계의 연구를 진행함에 있어서 현장과 실험실에서 각각 실험을 행할 때 미리 준비해야 할 일들은 무엇인가?
5. 자연환경에서 미생물의 영양분이 고갈될 경우, 미생물은 자체의 생화학 system의 변화를 가진다. 그것을 무엇이라 하며 이때 생기는 물질에는 어떤 것들이 있는가?
6. 자연환경에서 성장속도가 실험실에서 배양한 경우보다 낮은 성장률(분열 시간)을 나타내는 이유는 무엇인가?
7. 자연환경 생태계에서 미생물의 조영양(syntrophy) 관계란 어떤 것인가?
8. 생태계(ecosystem), 군집(community), 군(population)에 관하여 설명하여라.
9. 미생물 생태학에 공헌한 연구자들이다. 어떠한 업적을 남겼는지 간단하게 설명하시오.

   1) Winogradsky 2) Van Niel 3) Beijerinck 4) Roger Stanier

10. 화학적 진화와 세포적 진화에 대하여 설명하라.
11. 영양단계(trophic level)에 대하여 설명하시오.
12. 미생물 개체군간 상호작용의 유형을 나열하고 간단히 설명하시오.
13. 미생물 개체군간 상호작용에서 양성적 작용과 음성적 작용을 설명하여라.
14. 동물플랑크톤의 먹이에 따른 전환효율을 구하여라.

사진 1.6 거제도 외도(外島)의 전경. 대마난류의 영향으로 난류성 어류가 풍부하고 다양한 생물군집이 형성되어 있는 섬이다. 섬 안에는 다양한 열대성 식물이 군락을 이루고 있다

2

미생물 생태와 환경

생태계에는 육상 생태계, 담수 생태계와 해수 생태계 등 광범위한 생태계가 형성되어 있고 이러한 생태계 내에서는 미생물과 환경인자들이 상호관계를 가지고 있으며, 미생물이 분포하고 있는 환경에는 대단히 광범위한 생태계가 형성되어 있다. 육상 생태계에는 사막, 초원, 열대, 온대, 툰드라 등이 있고, 담수 생태계에는 강, 하천, 호수, 연못 등이 있으며, 해양 생태계에는 하구역, 연안해역 외양해역 등이 있다. 특히 해양의 경우 특수 환경인 심해의 미생물생태 등 극한환경에 관한 연구도 진행되고 있으며, 토양의 환경, 대기 중의 환경, 식물과 동물과의 미생물생태에 관한 연구도 진행되고 있다.

2.1 생태계의 분류

생물생태계를 지구 중심으로 생각할 때 대기권, 수권, 암석권으로 생각할 수 있다. 생물이 존재하는 생물권(生物圈, biosphere)에는 생물종이 환경과 상호관계를 가지며 생물군(生物群, population 또는 community)을 형성하고 있다. 생물군집은 생물군계(生物群系, biome)내에서 동일한 집단을 형성하고 상호작용 하면서 존재하는 개체군들의 집합이다. 한 생물군계 내에 여러 개의 개체군의 집단이 모여서 형성된 생물군을 community라 하고 동일한 개체군들이 모여서 형성된 생물군을 population이라 한다.

2.1.1 육상생태계

육상생태계는 사막(desert), 초원(grassland), 열대사바나(tropical savanna), 열대우림(tropical rain forest), 지중해성 관목지대(chaparral), 온대 낙엽수림(temperate deciduous forest), 기타 특수 생태계를 생각 할 수가 있다.

1) 사막(desert): 사막은 연간 강우량이 25 cm 미만인 지역이다. 사막은 반드시 덥거나 또는 열대지방에만 있는 것은 아니다. 사하라 사막, 오스트레일리아, 아시아, 북아메리카의 서부, 남아메리카 등에도 있다. 사막은 낮과 밤의 온도차가 30℃에 이를 정도로 기온 차가 심한 지역이다. 이러한 현상은 사막의 공기나 토양에는 열을 보유하여 완충작용을 하는 습기가 부족하기 때문이다. 몇몇 지역을 제외하고 대부분의 사막에는 식물과 동물이 살고 있다.

사막은 건조지역(xeric, 건조하다는 뜻의 그리스어)이기 때문에 사막에 적응된 식물들을 건생식물(乾生植物, xerophyte)이라 한다. 건생생물의 적응은 여러 가지 방법으로 이루어지지만 한 가지 공통적인 것은 물의 손실을 최대한 막는다는 것이다. 선인장(cactus), 가시관솔(ocotillo), 넓은 잎 유가(joshua), 가시콩나무(paloverde)와 같은 식물들은 비가 올 때까지 적은 양의 물을 보유하고 오랜 기간 동안 살아갈 수 있도록 적응되어 있다. 진화를 통하여 선인장의 잎은 가시로 변해 물을 보존하게 되어 있다. 광합성은 주로 푸른 줄기에서 일어난다. 사막에 사는 다년생 식물들의 기공은 다른 식물들에 비해 수가 더 적고 더 넓게 산재해 있다. 이것은 물을 보유하는 데에는 도움이 되지만 이산화탄소 흡수와 광합성을 지연시켜 생장율을 느리게 만든다. 또한 어떤 다년생 식물들은 흙 속으로 스며드는 어떠한 물이든지 흡수할 수 있는 심근계(深根系, deep root system)와 매우 작고 가죽 비슷한 잎을 가지고 있어 장기간 매우 느리게 생장(대사작용이 정지한 상태까지)할 수 있는 능력을 가지고 있다. 일부 선인장과 그 외 다육질 식물들은 차고 다습한 밤에 가스교환을 한다. 사막의 일년생 식물들은 생존을 위해 이와 다른 전략을 가지고 있다. 봄철 우기가 끝나면 수많은 휴면 종자들이 발아한 후 재빨리 생장해서 사막은 여러 종류의 작은 꽃들로 덮이게 된다. 이들의 생존기간은 매우 짧다. 이러한 환경 속에서 미생물들은 서로 공생하면서 살아간다. 대부분 근계(根系)와 관련되어 영양을 섭취하기도 하고 물질을 생산하고 유기물질의 분해 등을 하면서 공존한다.

2) 초원(grassland): 초원은 본초식물(grass)이 우점하고 있는 단순한 지역이다. 북반구의 초원은 방대한 평원으로서 아시아의 스텝(steppe)이나 북아메리카의 대초원(praine; 북미 Mississippi강 연안의 대초원)지역이 여기에 속한다. 초원과 사막은 여러 면에서 유사하며 실제 많은 초원들이 점차 사막으로 변해 가고 있다. 이 두 지대의 중요한 기후 차이는 강수량이다. 물론 초원에는 사막보다 비가 많이 내려서 대략 연간 25~75 ㎝ 정도이며, 계절적인 영향을 받는다. 남반구의 초원은 여러 가지 이름으로 알려져 있는데 남아메리카의 팜파스(pampas), 아프리카의 벨트(veldt)와 사바나(savanna)가 대표적이다. 오스트레일리아에 있는 초원은 매우 광대해서 대륙의 절반 정도를 차지한다. 초원의 생물군계는 초식동물의 활동에 의해 유지된다. 또한 여기에 미생물도 상호관계를 가지며 공생한다. 초원에서는 지하경(地下莖; rhizome, 뿌리줄기)과 넓게 뻗친 근계(根系, root system)는 살아남아서 비가 오면 다시 생장하기 시작한다. 그 외 열대 사바나(tropical savanna), 열대 우림(tropical rain forest), 지중해성 관목 지대(chaparral), 온대 낙엽수림(temperate deciduous forest), 타이가(taiga)와 침엽수림(coniferous forest), 툰드라(tundra) 지역에서의 생물과 미생물과의 상호관계를 생각할 수 있다.

2.2 생태계의 제한요인

제한요인의 정의로서는 동식물 등 생물의 분포와 풍부도를 규제하거나 제한하는 생태적 조건을 제한요인(制限要因, limiting factor)이라 한다. 즉 지역에 따라 분포하는 동식물의 종 수는 서로 다르며 인간에게 잘 알려진 생물의 분포와 풍부도도 변화가 심하다. 야자는 우리나라에는 자생하지 않고 열대지방에는 잣나무가 없다. 동물도 마찬가지로 우리나라에는 코끼리와 흰곰이 없다(동물원에서 사육하는 것은 제외). 온도와 습도 등의 기후가 분포를 제한하지만, 생물의 분포와 풍부도를 결정하는 요인은 매우 복잡하다. 이러한 요인을 밝히는 것은 과학적으로 흥미로울 뿐만 아니라 환경, 보건, 농업 및 자연환경의 보존을 위해서도 반드시 필요하다.

제한요인의 개념은 1840년 독일의 유명한 생화학자 Liebig에 의해 농작물의 생산이 비료와 관계된다는 데에서 생겨났다. 그는 농토가 척박(瘠薄, 기름지지 못하고 메마른 땅)해지는 이유가 식물이 이를 흡수하기 때문이라고 하였으며, 토양에 무기질 비료를 주어 실험한 결과, 농작물의 수확량이 시비(施肥)한 영양소의 양에 의존한다는 것을 발견하였다. 그는 식물의 생산은 가장 많이 결핍된 단일 영양소의 양에 의해 결정됨을 밝혀내고 이를 Liebig의 최소량의 법칙(Liebig's low of minimum)이라 하였다. 그 후 사람들이 이 법칙을 환경요인에 적용하였으나 제한요인과 생물의 분포 및 생산성과의 관계는 매우 복잡하였다. 예를 들면, 한 물질이 많으면 이것이 다른 부족한 물질의 제한효과를 보상하는 경우도 있기 때문이다.

1913년 미국의 생태학자 Shelford는 환경요소는 부족한 것뿐만 아니라 과다한 것도 개체군의 크기를 제한한다고 하였다. 즉 생물의 내성(耐性) 하한치에 접근하는 몇 가지의 환경요인이 그 생물의 분포와 풍부도를 제한한다는 것이다. 예를 들면 온도, 광도, 수분, 염도 등은 너무 낮아도 문제이지만 너무 높아도 생물의 생존을 제한한다는 것이며 이를 Shelford의 내성의 법칙(Shelford's low of tolerance)라 하였다. 미국의 식물학자이며 생태학자인 Gleason은 동식물 군집의 속성에 이 법칙을 적용하여 모든 생물은 각 환경요인에 대한 고유의 내성범위를 가지고 있으며, 자연생태는 그 환경에서 활발하게 생장하고 생식할 수 있는 생물들로 이루어진다고 하였다. 그러나 생물이 살아가는 것은 비생물적 요인뿐만 아니라 경쟁먹이의 획득, 포식자 등의 생물 상호작용에도 영향을 받는다. 동식물의 환경에 대한 내성은 일정하지 않아서 어떤 요인에 대한 내성은 넓지만 다른 내성에 대한 요인은 좁을 수도 있다. 따라서 모든 환경에 대한 내성이 넓은 종은 널리 분포할 수 있다. 따라서 생태계의 제한요소의 법칙에는 Liebig의 최소량의 법칙, Shelford의 내성의 법칙이 있다.

생태학에서는 제한요인의 내성의 정도를 표시할 때 그 요인의 이름 앞에 "광", 또는 "협"을 붙인다. 온도의 범위가 넓으면 "광온성", 좁으면 "협온성"이라 하고 수분의 경우 "광수성", 좁으면 "협수성"이라 한다. 어떤 생물이 환경조건의 지표가 되는 경우, 이런 생물을 지표종(指表種, indicator species), 또는 지표생물(指標生物, indicator organism)이라 한다. 어떤 지역에 살고 있는 종의 생태적 특성을 안다면 그 지역의 물리적 환경특성을 설명할 수 있는 것이다. 지표종은 내성의 범위가 넓은 종보다는 좁은 종이 훨씬 좋으며, 환경오염 판단에 유용하게 이용된다. 예를 들면 대장균이 들어있는 물은 오염되었다고 할 수 있으며, 특정 하천에 어떤 물고기(예: 피라미, 붕어, 잉어, 송사리 등)가 살고 있는지를 앎으로써 그 하천의 수질을 파악할 수 있는 것이다. 또한 광물질의 탐사에도 지표종을 이용할 수 있다. 즉 소나무나 향나무가 우라늄이 많은 토양에서 자라면 뿌리가 토양속의 우라늄을 흡수하여 줄기나 잎 속의 우라늄의 농도가 높아지기 때문에 식물을 분석하여 우라늄광을 찾아낼 수 있다.

2.2.1 Liebig의 최소량의 법칙

1840년 Justus Liebig는 어떤 장소에 분포하고 번영하기 위해서 생물은 생장과 번식에 필요한 여러 가지 필수물질을 얻어야 하며, 이 물질의 기본적 요구는 종(種)이나 장소에 따라 다르다고 하였다. 또한 생물이 정상적인 상태에서 필요로 하는 최소한계에 가장 가까운 양만을 이용할 수 있는 필요물질이 제한물질이 되는 경향이 있다고 하였다. 그는 식물에 관한 여러 가지 요인의 효과에 대한 연구의 선구자였다.

예로서 인, 산소 등은 최소량이 필수적으로 요구되는 반면 제한의 요인도 된다. 이 법칙은 energy와 물질의 유입, 유출이 균형을 이룬 안정 상태에서만 엄밀히 적용된다. 어떤 호수에서 이산화탄소가 최대의 제한요인이 되어 생산력이 유기물의 분해에서 나온 이산화탄소의 공급 속도와 평형이 이루어져 있다고 하자. 또한 이 평형상태에서 빛, 질소, 인 등의 기타물질이 필요이상으로 있다고 가정해 보자(이때 이들은 제한요인이 아니다). 만일 폭풍이 다량의 이산화탄소를 이 호수에 가져다준다면 생산속도는 달라지게 될 것이고 그때는 마찬가지로 다른 요인에 의존하게 되어 이산화탄소는 더 이상 제한요인으로 작용하지 않는다. 이것은 하나의 보조적인 역할이다. 또 다른 경우를 생각해보면 요인상호작용(要人相互作用, factor interaction)이 있다. 생물은 때로는 환경속의 부족물질 대신에 화학적으로 매우 유사한 물질로 대용할 수 있는 것이다. 따라서 스트론티움이 풍부한 장소에서 연체동물(軟體動物)은 적어도 부분적으로 그 껍질 속의 칼슘 대신에 스트론티움을 이용할 수 있는 것이다. 어떤 식물은 충분히 빛을 쪼이는 곳에서 생육할 때보다 그늘에서 생육하는 경우에 아연의 요구가 적다는 사실도 알려졌다. 따라서 토양 속에 주어진 아연의 양은 양지에 있는 식물보다 동일조건하의 음지에 있는 식물에 대해서 그 제한이 적다.

2.2.2 Shelford의 내성의 법칙

생물의 존재와 번영은 여러 조건의 복합된 완전성에 의존하고 있다. 어느 한 생물이 번식이 잘 되지 않을 경우, 여러 요인 중 어느 것이든 하나에 대하여 그 생물의 내성의 한도에 가까운 질적 또는 양적인 부족, 혹은 과잉에 의하여 억제되어 있다는 것이다. Liebig가 제창한 것과 같이 지나치게 물질이 적어도 제한 요인이 될 뿐만 아니라 또한 열, 빛, 물과 같은 요인의 경우에서는 너무 많아서 제한요인이 되는 것이다. 이와 같이 생물은 생태학적 최소량과 최대량을 갖고 있으며 동시에 내성의 한도(limits of tolerance)를 나타내는 범위를 갖고 있다. 1910년 내성생태학(toleration ecology)에 관한 많은 연구가 행해져서 그 결과 여러 가지 동식물의 생존 가능한 범위를 알게 되었다. 특히 유효한 것은 생물을 여러 조건의 실험적인 범위에 있어서 실험이나 야외에서 실시하는 스트레스 테스트라고 불리어지는 실험이다. 이와 같은 생리학적 방법은 자연계에서 생물들의 분포를 이해하는 데 도움을 주게 되었다.

2.2.3 제한요인의 결합

생물이 집단으로 생존하기 위해서는 여러 가지 조건의 복합에 의존해야 한다. 내성의 한도에 가깝거나 또는 그것을 초과하는 조건은 어떤 것이든 제한조건 또는 제한요인이라고 말할 수 있다. 최소량의 개념과 내성한도의 개념을 종합함으로써 제한요인에 대한 보다 일반적이고 유효한 개념에 도달하게 된다. 따라서 생물은 자연계에서 다음과 같은 조건에 지배된다.

① 최소요구의 대상이 되는 물질과 임계적(臨界的)인 물리적 여러 조건의 양 및 불안정성에 지배되며,

② 이런 것들이나 다른 환경요소에 대한 생물 자신의 내성의 한도에 지배되고 있는 것이다.

조절요인으로서 생존조건을 살펴보면, 육상에서는 빛, 온도, 물이 생태적으로 중요한 환경요인이 되고, 해양에서는 빛, 온도, 염분 농도가 3대 요인이 된다. 담수에서는 주로 산소와 같은 다른 요인이 중요할 것이다. 모든 환경에 있어서 기초적인 무기영양염류의 화학적 성질과 순환속도는 상당히 고려되어야 할 요인이다. 이들 모든 물리적 생존조건은 나쁜 의미에서 제한요인일뿐만 아니라 좋은 의미로서 조절 요인일 수도 있을 것이다.

제한요인으로서 중요한 물리적 요인은 온도, 빛에너지, 물(강우, 습도, 대기의 증발력, 이용 가능한 표면수의 공급), 온도와 습도의 공동작용, 대기 속의 기체, 생물적 염류의 흐름과 압력 등을 들 수가 있다.

2.2.4 생태학적 지표

특정요인은 때때로 어떤 종의 생물이 존재하는 지를 정확하게 결정짓는데, 이와는 반대로 특정 생물의 존재로부터 물리적 환경의 종류를 판정할 수 있다. 육상식물은 특히 이런 점에서 유용하다. 예를 들어 물과 토양의 조건(특히 이것들이 방목과 농업

의 가능성에 영향을 준다)의 지표(指標, indicator)로서 식물이 많이 쓰여 진다. 식물과 함께 온도대(溫度帶)의 지표로서 척추동물의 사용도 많이 연구되고 있다. 생태적 지표를 취급할 때 고려해야 될 중요한 사항은 다음과 같다.

1) 일반적으로 협(狹, steno)종(種)은 광(廣, eury)종 보다 좋은 지표가 된다(즉, 좁은 의미의 종은 넓은 의미의 종보다는 좋은 지표가 된다. 특이성 및 대표성).

2) 큰 종은 작은 종보다 양호한 지표가 된다. 왜냐하면 크고 보다 안정된 생체량, 즉 현존량이 어떤 환경적 특성을 대표한다고 볼 수 있기 때문이다. 작은 생물의 생활 속도는 빠르기 때문에(오늘은 있어도, 내일은 없다.) 어떤 순간에 존재하는 특수한 종은 생태학적 지표에 유익하다고 할 수 없다.

3) 지표로 어떤 종 , 또는 종의 그룹을 상대로 하기 이전에 문제의 요인을 제한하고 있다는 야외에서의 많은 증거, 또는 가능하다면 실험적인 증거도 있어야 된다. 또한 보상 또는 적응의 능력에 관해서도 알아야 한다. 예를 들어 현저한 생태형이 존재해도 다른 지역에 있어서 같은 분류군 계열의 출현이 반드시 같은 조건의 존재를 제시하는 것은 아니기 때문이다.

4) 종, 개체군, 모든 군집 사이의 수량적인 관계는 비교되는 두 지역의 상대적인 상태를 제시해준다.

2.3 수계환경과 미생물 생태학

수계에서는 담수와 해수로 크게 나눌 수 있다. 담수는 일반적으로 강이나 호수 등이며 해수에는 연안에서 외양과 바다 밑 심해를 생각할 수 있다. 연안해역은 강물이 유입되는 곳 즉, 담수와 해수가 혼합되는 기수해역과 200 m 까지 이르는 연안해역과 1,000 m 이상이 되는 심해를 생각할 수 있고, 이러한 환경에서 서식하고 있는 미생물의 생태가 어떠한 것인가를 살피는 것은 매우 흥미로운 일이다.

2.3.1 하구역의 미생물 생태

하구역은 대부분 생활하수, 공장폐수, 농약 등 다양한 눌실들이 하천수에 혼입되이

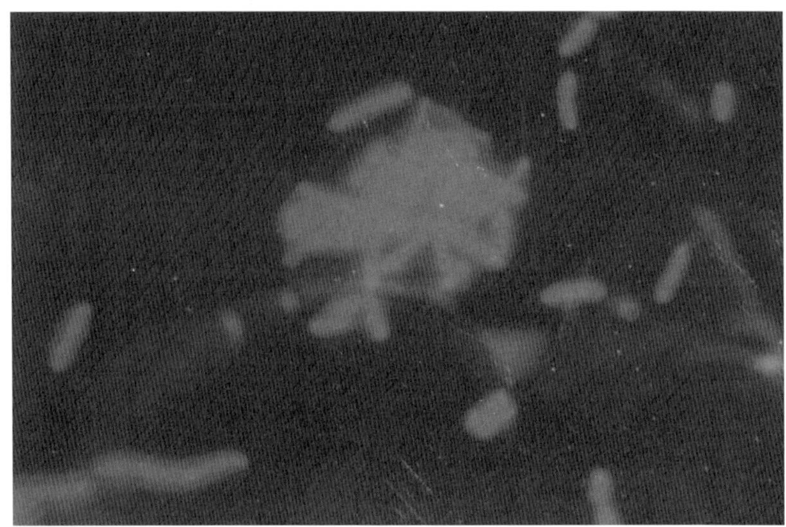

사진 2.1 세균의 덩어리(균괴, 菌塊)

해수와 혼합되는 곳이다. 또한 하구역은 하천수의 유속이 급속히 저하되는 곳이기 때문에 현탁물질의 입자 중 무거운 부분은 빠르게 침강하기도 하고, 하천수 중에 현탁되어 있는 하전입자(荷電粒子)는 서로 반발하여 만나기 때문에 응집하기도 힘들고 침강하기도 힘들지만, 해수 중에 혼입되면 전해질과 접촉하여 하전(荷電)을 빼앗겨 서로 응집하여 침강하기 쉽게 되며 또한 세균에 의하여 분해, 이용된다.

따라서 세균은 점질다당질을 형성하면서 이상증식을 하고 균괴(菌塊, aggregate or floc)를 형성하는 경우가 생기며 세균상도 다양하게 형성된다(*사진 2.1*). 특히 하구역은 하절기 장마 등으로 육상에서 혼입되는 균이 다양하며 해수와 혼합된 저염분인 곳에 일시적으로 생존하는 균과 서서히 적응하여 생존하는 균들이 대부분이다.

하구역의 N화합물의 수직분포를 조사한 결과를 보면 수온약층이 존재할 경우 수온약층의 하층에는 NO_2^-가 높게 분포하고 있는 경우가 많고 세균수도 10^5~10^7 cell/ml가 발견되고, 수온약층의 약간 위쪽에는 NO_3^-가 NO_2^-보다 높게 분포하고 있으나 세균수는 10^4~10^5 cell/ml 범위이다. NH_4^+는 산소의 감소와 서서히 증가 현상으로 수온약층보다 깊은 곳에서 높게 보여 준다. 현탁물질 중 입상 유기태인의 경우도 주로 세균의 phosphatase에 의하여 무기태인으로 전환되어 동 식물플랑크톤이 이용하고 남은 인은 Fe^{2+}에 의하여 포착, 침전된다.

빈산소 상태의 환경인 저층에는 탈질세균, 유산환원세균, 메탄생성균 등이 발견된다. 일반적으로 부영양화된 하구역에서 많이 발견된다. 우리나라에서는 주로 서해안, 남해안 동남해역인 온산, 울산 등을 생각할 수 있지만 대표적으로 낙동강 하구역을 들 수 있다. 낙동강 하구역은 생활하수, 공장폐수 등 다양한 유기물질 유입으로 인해 세균상도 다양하다. 또한 조사, 연구 보고서도 많이 보고되어 있다. 지금까지 연구 보고에 의하면 *Escherichia coli, Micrococcus, Fungi, Bacillus subtilis, Pseudomonas* spp., *Flavobacterium* spp. 등 육상에서 하천으로 유입된 세균 등이 많이 포함되어 있다. 낙동강 하구 간석지에 존재하는 세균의 분포 및 활성 등의 조사에서 *Pseudomonas* spp.가 42%를 점하고 있다는 보고도 있다(김 등, 1985).

2.3.2 연안해역의 미생물

연안해역의 유기물 농도는 해역주변의 환경에 따라 다르며 분포하고 있는 세균수, 細菌相도 다르다. 연안해역에 분포하고 있는 세균은 크게 2群으로 나뉜다. 현탁물질(detritus)이나 비생물체 등에 부착하여 생활(기생)하거나 동물의 장내 또는 식물의 조직이나 표면에 부착하여 생활하는 세균群과, 해수 중에 자유롭게 浮遊하면서 용존 유기물질을 분해 섭취하면서 생활하는 群으로 나눈다. 이러한 세균들을 형광현미경으로 세균수를 計數하면 10^6~10^7 cell/㎖ 정도이고 부영양화된 해역에서는 10^6~10^8 cell/㎖의 균수가 존재하고 있음을 알 수 있다.

연안해역의 현탁물질 중 90%가 비생물체이고 여기에 부착(기생)하면서 물질분해, 생성 등의 물질순환에 중요한 역할을 담당하고 있는 것이 해양미생물이다(Parson 등, 1984). 우리나라의 부영양화 해역으로는 진해만이 대표적이며 적조가 발생할 때(bloom일 때)의 총세균수는 10^6~10^9 cell/㎖이고 적조가 진행되는 과정에 세균상도 달라진다. 즉 적조발생 직전의 해수 중에 *Pseudomonas* spp., *Flavobacterium* spp., *Moraxella* spp., *Vibrio* spp.의 순으로 우점속이였으나, 적조발생 중(bloom일 때)에는 *Flavobacterium* spp., *Acinetobacter* spp., *Moraxella* spp., *Vibrio* spp. 순으로 되었고, 적조가 소실된 후에는 *Flavobacterium* spp., *Vibrio* spp., *Acinetobacter* spp., *Pseudomonas* spp. 순으로 변하였다(이 등, 1986).

현탁물질(식물플랑크톤) 분해과정에서는 *Vibrio* spp., *Acinetobacter* spp., *Pseudomonas* spp. 등이 우점 순으로 나타났고, 현탁물질 분해 후에는 *Vibrio* spp., *Pseudomonas* spp.만 발견되는 세균상의 변화가 관찰되었다(Fukami 등, 1981).

표 2.1 배양액에 투여된 해양세균에 의하여 적조생물의 지방산 전이관계 (임 등, 1993)

Fatty acid	*S. trochoidea*			*Psudomonas* spp.		
	before inoculation	after inoculation		before inoculation	after inoculation	
		L*	S**		L	S
16:1	3.93	10.33	14.84	27.41	43.84	33.09
18:0	16.36	4.48	8.97	19.29	0.77	4.72
20:0	2.15	0.26	0.05	0.02	0.54	-
20:5	0.81	53.29	40.87	0.10	0.02	0.03
22:1	5.27	-	1.40	0.02	-	-
22:6	3.27	-	-	-	-	-

* L: Log phase of *S. trochoidea*, ** S: Stationary phase of *S. trochoidea*.

표 2.1에서는 적조생물 *S. trochoidea*의 배양액에 해양세균인 *Pseudomonas* spp.를 투여하여 포식시킨 후, 적조생물의 체내 지방산 조성의 변화와 해양세균의 세포내의 지방산 조성의 변화를 비교한 것으로 적조생물에 해양세균을 투여하기 전에는 C16:1은 3.93%, C18:0가 16.36%, C20:0이 2.15%, C20:5ω_3가 0.81%, C22:1이 5.27%, C22:6ω_3가 3.27%였으나, 해양세균을 적조생물에 투여한 후 대수기에 도달한 적조생물의 체내 지방산 조성은 C18:0과C20:0은 감소되었으나 C16:1이나 C20:5ω_3는 현저한 증가를 보여주고 있다. 이러한 결과는 해양세균을 포식함과 동시에 적조생물의 체내에서 지방산이 전이(轉移)가 일어난 것으로 판단할 수가 있다.

김과 이(1993)는 부산 근교 수영만에 분포하고 있는 해양세균과 식물플랑크톤 *Chaetoceros* spp.를 배양하여 해양세균의 증식관계를 조사하였다(*그림 2.1*). *Chaetoceros* spp.가 1,000 cell/ml 이상이 되었을 때 배양액을 여과하여 농도(0, 30, 50, 100%)에 따른 해양세균의 성장관계를 조사한 결과 *Pseudomonas vericularis*는 농도가 높을수록 성장이 억제되거나 지연되었으나, *Acinetobacter calcoaceticus, Bacillus subtilis, Vibrio* sp.는 농도가 높을수록 성장이 좋았다.

*그림 2.2*는 염분과 수온이 급변하는 수온약층(변수층, 변온층, thermoclin)이 형성

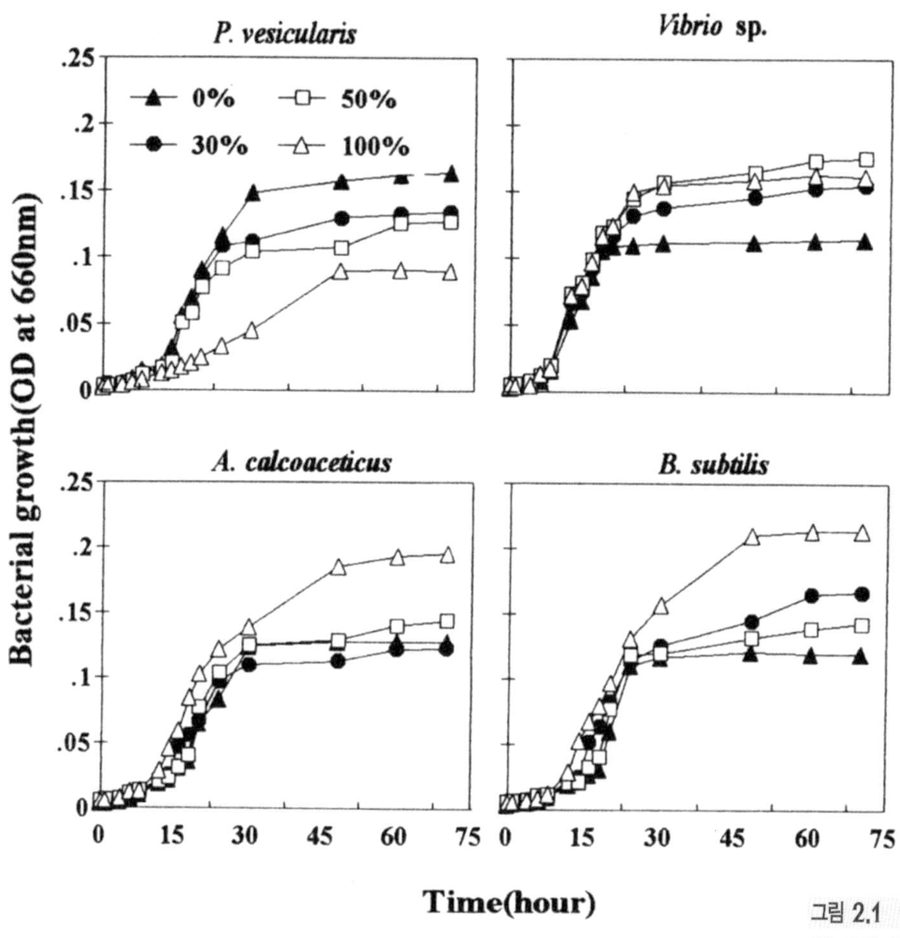

그림 2.1 *Chaetoceros* sp.의 여액농도에 의한 해양세균의 성장관계

된 곳에서 세균이 높게 분포하고 있음을 보여주고 있다. 이것은 수온약층이 형성된 곳에 밀도가 다른 수괴(水塊, water mass)가 현탁물질과 세균의 침강을 방해하는 작용을 한다. 그러므로 수온약층이 형성된 곳은 현탁물질 등이 축적되어 영양물질이 많아진 관계로 세균이 활발하게 번식하여 세균수가 높게 분포한다. 천해역인 경우 바람에 의하여 종종 수온약층이 파괴되고 높은 혼탁현상이 생겨 세균의 수직분포가 표층과 저층이 동일한 관계를 가진다. 심한 경우에는 저질까지 교란시켜 일시적으로 유기물 증가와 동시에 세균수도 증가 현상을 보이기도 한다. 또한 조석의 차가 심할 경우에도 세균의 분포가 다르게 나타나지만 대부분 날씨가 좋아지면 원래의

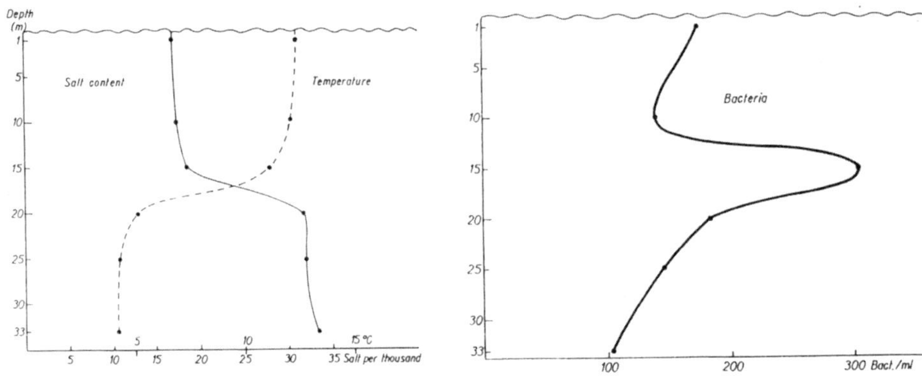

그림 2.2 염분, 수온과 세균수 (부착세균수)와의 관계

수온약층이 형성된다.

일반적으로 연안해역에서 해양미생물은 유기물질을 분해하여 무기물질을 생성하고, 이를 식물플랑크톤 등이 섭취하게 된다. 세균은 floc(菌塊, aggregate)현상으로 동물플랑크톤에 포식되기도 하고 물질이나 섭취 등의 관계로 섬모충류나 편모충류

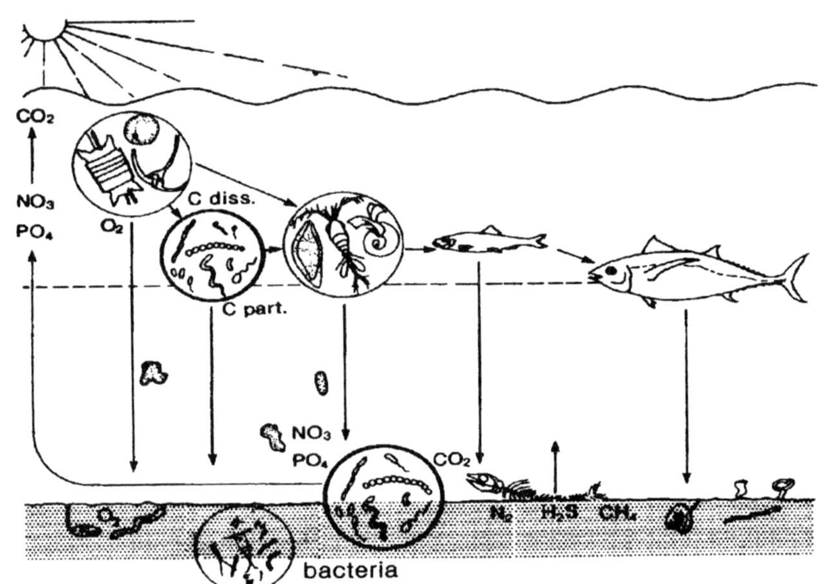

그림 2.3 해양생태계의 먹이 연쇄의 모델(G. Rheinheimer의 변형)

의 먹이연쇄에 관여하여 먹이에 중요한 역할을 담당한다. *그림 2.3*은 Baltic해의 먹이 연쇄를 모델화한 것으로 두터운 원내의 부분이 해양미생물의 역할을 보여주고 있다.

2.3.3 외양의 미생물 분포

외양해역이 하구역이나 연안해역과 다른 여러 가지 원인 중 가장 중요한 것이 영양물질 즉 유기물질(무기물질 포함)이 극히 적은 빈영양 상태의 환경이라는 것이다. 따라서 외양에 분포하고 있는 균체는 하구역이나 연안수역에 분포하고 있는 균체에 비하여 극히 작기 때문에 높은 배율의 현미경이나 형광현미경을 사용하여 세균의 크기를, 직접계수법(直接計數法)에 의하여 총균수를 계수한다. 일반적으로 외양

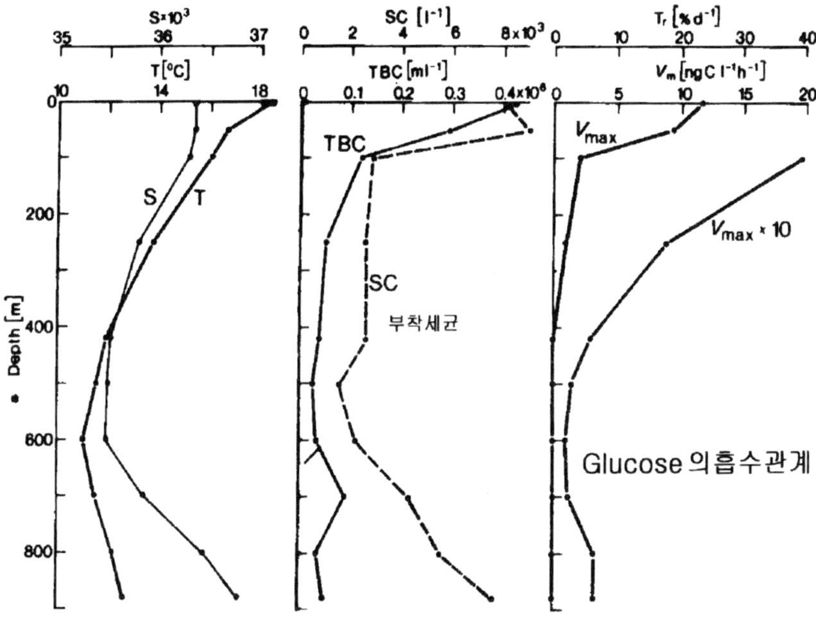

그림 2.4 서Gibraltar해협의 염분(S), 수온(T), 총균수(TBC), 현탁물질 기생하는 부착세균(SC), glucoso 최대 흡수율 등의 수직분포(Gocke와 Rheinheimer, 1987)

의 세균수는 10^5~10^6 cell/ml로 표층수에는 비교적 많은 균수가 발견되지만 심층일수록 총균수는 적어진다. *그림 2.4*는 서Gibralter 해협의 염분, 수온, 총균수, 현탁물질 등에 기생하는 세균과 glucose의 최대흡수율을 표층에서 900 m 수심까지의 수직분포를 나타낸 것이다.

표층에서는 0.4×10^6 cell/ml의 높은 총균수가 수심에 따라 감소 현상을 보여주며, 염분, 수온, 현탁물질 등에 부착(기생)하는 세균수도 감소 현상을 보여 주고 있다. 특히 특징적인 현상은 염분과 수온은 400~600 m에서 극소층 현상을 보여 주며, 총균수와 현탁물질 등에 부착(기생)하는 세균은 100 m에서 극심한 감소 현상으로 glucose의 최대 흡수율도 극히 낮은 것을 알 수 있다. 심층인 경우 난분해성 물질이 표층에서 침전되어 존재할 경우, 그림과 같이 900 m 수심에서 다소 높은 현탁물질에 부착(기생)하는 세균이 발견되며 저층으로 수괴의 이동이 생길 경우에도 저층에서 다소 높은 수온이 측정되기도 한다.

일반적으로 심해의 세균수는 10^5 cell/ml 이하 이지만 특수층인 열수분출공(thermal vents)인 경우는 10^6 cell/ml 이상이 존재하기도 한다. 예로서 태평양

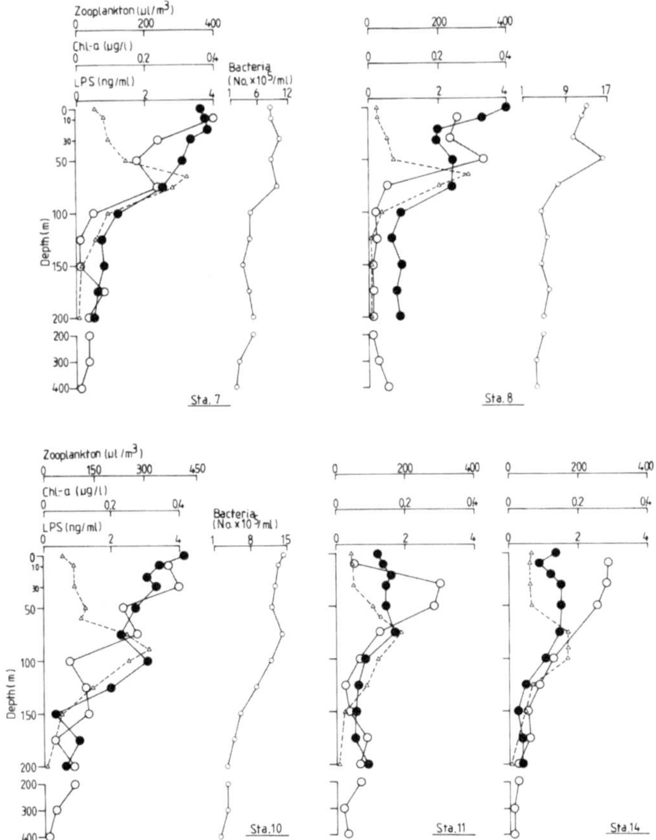

그림 2.5 해수중의 LPS, Chl. a, 동물플랑크톤, 세균수의 수직분포 (Lee, Maeda, Taga, 1983). ○: LPS, △: Chl. a, ●: 동물플랑크톤, o: 세균수

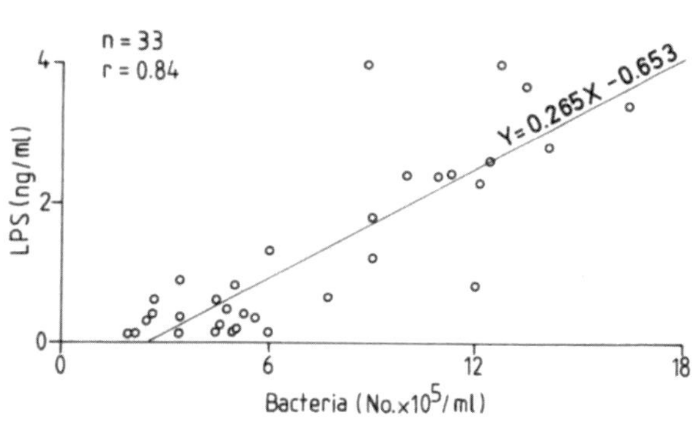

그림 2.6 LPS와 총균수와의 상관관계(Lee, Maeda, Taga, 1983)

Galapagos섬 부근 열수분출공은 수심 2,500 m인 곳인데도 수온이 270~380℃이며 열수분출공 주위에는 *Thiobacillus, Thiomicrospira, Thiothrix, Beggiatoa*와 같은 유황환원세균, 망간 · 철환원세균이 발견된다.

*그림 2.5*는 Lee 등(1983)이 아열대 해역인 남지나해와 태평양해역에 분포하고 있는 세균수를 LPS(lipopolysaccharide)로서 현존량(biomass)을 측정한 것으로, Chl. a(Chlorophyll a), 동물플랑크톤, 세균수의 수직분포를 나타낸 것이다. LPS, Chl. a, 세균수의 수직분포에서 양적으로나 수심차이는 다소 있으나 대개 30~100 m 사이에 높은 분포를 보여 주지만 100 m 이심(以深)부터 낮은 분포를 보여 준다. 세균수와 LPS와의 상관관계는 0.84인 높은 상관관계를 보여주고 있다(*그림 2.6*).

2.3.4 심해미생물의 생태

바다의 평균 수심은 3,800 m이고 1,000 m 이상의 수심은 75%에 달한다. 1,000 m 이상의 수심을 심해(深海)라 하며, 수심이 10 m 깊어짐에 따라 1기압씩 증가한다. 따라서 바다의 평균 수압은 380기압에 해당된다. 또한 100 m 이상의 수심에서는 5℃ 이하인 2~3℃의 수괴가 거의 일정온도에 머물고 있기 때문에 영구수온약층(永久水溫躍層)이라고 한다. 해양의 표층에서 가시광선은 약 300 m 이상을 투과하지 못하며, 빛이 도달하는 상층부를 광층(光層, 光帶, photic zone)이라 한다. 1,000 m 이상의 수심에는 상당수의 생물이 서식하고 있으나 생물학적 활동은 낮은 것으로 판단된다. 심해의 환경은 낮은 온도, 높은 압력, 낮은 영양물질의 농도 등이 생물의 활동에 영향을 준다고 생각된다. 이러한 환경에서 서식하는 생물들은 저온성(psychrophilic)이다. 특수환경 또는 극한환경에 속하는 호압(好壓)이나 심해의 특수한 열수분출공

(熱水墳出孔, hydrothermal vent)의 고온 환경이나, 강산성, 강알카리, 고염분 등의 환경에서도 많은 생물들이 먹이연쇄 관계를 가지고 생활하고 있다.

1) 내압성(耐壓性, barotolerante)과 호압성(好壓性, barophilic) 세균

상온에서 호압성이나 내압성 세균에 관한 실험은 특수한 압력배양기를 이용하여 배양한다. 심해의 시료(4,000 m 이토 등)에서 분리된 몇 종의 종속영양세균의 경우, 1기압에서 보다 400기압 이상에서 오히려 대사작용이 높아 빠르게 성장하는 균이 있다. 이러한 세균을 호압성(好壓性, barophilic)균이라 한다. 400기압에서 보다 1기압에서 대사작용이 높아 빠른 증식 성장속도를 보인는 세균을 내압성(耐壓性, barotolerance)균이라 한다. 내압성균은 500기압 이상의 압력을 가하게되면 균의 형태가 비정상 상태로 변화되거나 균체가 파괴되거나, 대사가 억제되어 성장할 수가 없다. 400기압의 압력에서 최적 성장율을 나타내는 호압성(barophilic)균 중에도 1기압에서도 성장하는 균도 있다. 이런 균을 통성호압성균이라 한다.

심해 10,000 m 이상에서 채취된 시료에서 분리된 세균은 압력이 절대적으로 필요하다. 압력이 없을 경우에는 대사 활성이 중지되거나 세포가 파괴되는 경우도 있다. 압력이 절대적으로 필요한 균을 절대호압세균이라 한다. 대개 700~800 기압에서 최대의 성장속도를 나타내었고, 1,035 기압에도 여전히 좋은 성장속도를 보였다. 이러한 세균을 극호압성(extrem barophilic)세균이라고 한다. 이 균의 독특한 성질로서는 높은 압력을 필요로 하고, 500 기압 이하에서는 발육을 중단한다는 점이다. 1기압 하에서는 수 시간 방치해 두면 서서히 죽는다. 내압성, 호압성, 극호압성의 모든 균은 저온성이며 극호압성 일수록 저온성 균이다.

李 등(1994)의 실험 결과, 심해 4000 m의 시료에서 분리된 미생물은 400 기압 이상에서는 1기압일 때의 균체 길이보다 약 10~20배 이상 긴 막대상의 형태로 되어있으나, 이 균을 상압에서 배양보존 하는 경우 균괴(菌塊)를 형성함을 알 수 있다(*사진 2.2*). 연안해역에서 분리된 간균형의 세균이 400기압 이상으로 압력을 가할 경우 간균이 구균형으로 되고 시간이 지남에 따라 사멸되었다. 호압성 세균은 온도에 민감하며 서식처가 대부분 2~3℃의 저온환경에서 서식하고 있었고 10℃ 이상에서는 활성이 떨어진다.

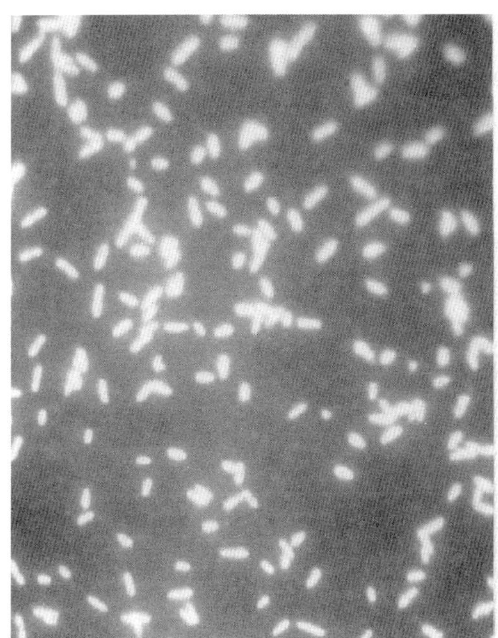
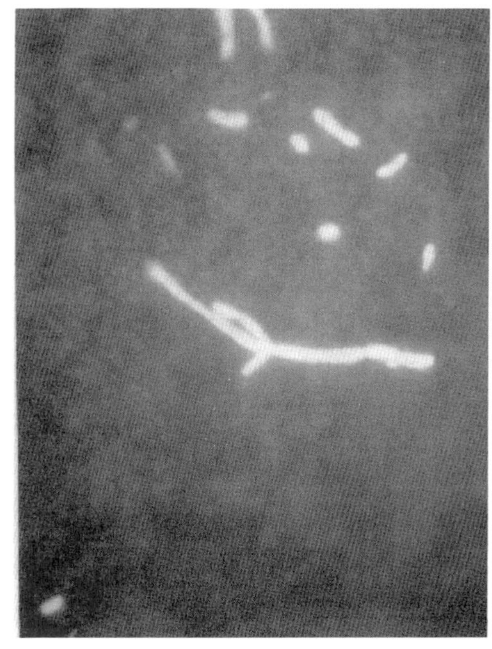

사진 2.2 심해 4000 m에서 분리된 균을 상온에서 배양했을 때는 왼쪽과 같으나, 400 기압의 가압 하에서 배양했을 때는 오른쪽 그림과 같다. 약 50배 이상으로 변화된 형태가 관찰된다

압력은 세균 세포의 생리와 생화학에 영향을 미치는 것으로 알려져 있다. 예로서 압력이 높아지게 되면 효소의 기질과 결합능력이 감소된다. 이를 근거로 했을 때, 극호압성 세균의 효소는 압력에 의한 영향으로 최소화시킬 수 있도록 분자구조를 형성해야한다. 압력에 영향을 받는 것으로 단백질 합성과 막의 기능인 수송 등을 생각할 수 있다. 극호압성균의 낮은 성장율은 압력에 의한 세포생화학에 대한 영향과 낮은 온도와의 두 가지 요인에 의한 복합효과인 것으로 추정된다. *그림 2.7*은 내압성, 중호압성, 극호압성균의 성장을 나타낸 것이다. 내압성의 경우와 극호압성의 경우는 상당히 대조적이다. 일반적으로 1기압의 세균은 400기압까지는 성장 가능하나 400기압 이상이 되면 생명력을 상실한다.

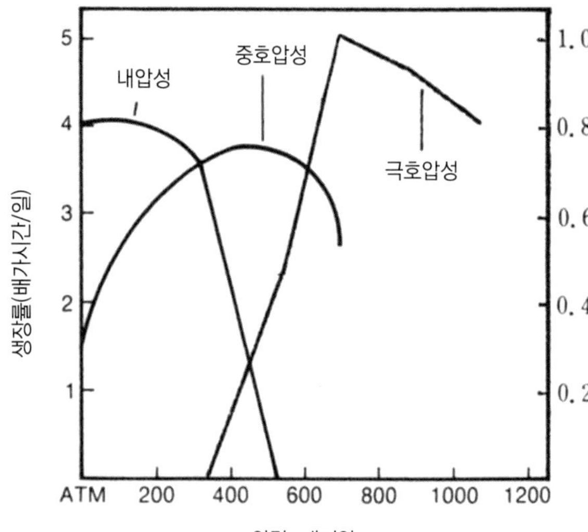

그림 2.7 내압성, 호압성, 극호압성 세균의 성장관계. (극호압성균은 Mariana 해구 10,500 m의 시료임)

2) 호압성의 유전학

최근에는 분자생물학적 방법에 의하여 호압성균에 대한 새로운 사실이 발견되고 있다. 500~600기압에서 생장할 수 있는 호압성 세균의 연구 결과, 고압하에서 세포벽의 외측막의 단백질 조성이 변함이 밝혀졌다. 예로서 OmpH 단백질(Omp=outer membrane protein)이라고 불리우는 특수한 막 단백질이 합성되나 1기압에서 배양한 경우 이 단백질이 합성되지 않았음이 발견되었다. OmpH 단백질은 일종의 포린(porin)이다. 포린은 외막을 통과하여 주변 세포질로 유기물의 확산을 가능하게 하는 통로 형성 단백질이다. 낮은 압력에서 생장한 세포에 존재하는 포린은 아마 고압상태에서 효과적으로 기능을 하지 못하기 때문에 새로운 포린 분자가 합성되어야 고압에서 효과적인 작용을 할 것이다. 호압성균의 OmpH 유전자를 대장균에 클로닝하여 이 유전자를 발현시켜 본 결과, 전사과정이 압력에 의해 영향을 받아 OmpH 단백질로의 발현이 400~500기압에서 배양되는 대장균에 의해서만 가능하고, 1기압에서 배양되는 경우 이 유전자가 발현되지 않음을 발견하였다. 또한 OmpH 유전자의 염기배열을 조사해 본 결과 OmpH 단백질은 유사하기는 하지만 1기압 상태에서 형성된 포린 단백질과는 명확히 다른 것이 발견되었다.

그러나 호압성균의 유전자 발현이 압력에 의해 영향을 받을 수 있음이 알려졌으나, 이의 기작에 대해서는 명확히 밝혀져 있지 않고 다만 압력-감수성 억제물질 또는 압력-의존성 촉진물질이 관련되었을 것으로 추측되고 있다. 또한 호압성균이 가지고 있는 대부분의 단백질은 양 극단의 압력에 의해서도 동일함이 밝혀져 있고, 단지 몇 가지의 단백질(세포벽 및 이에 관련된 구조단백질)만이 압력에 의해 조절 받는 것으로 보인다. 이와 같이 압력 자체가 호압성균의 유전자 발현에 있어서 전적인 조절자 역할은 하지 않지만, 고압에서의 생장에 필요한 단백질 합성에 관련 있는 특정한 유전자의 전사(복사)과정을 선택적으로 조절하며 압력과 관련되지 않은 대부분의 유전자는 비호압성균과 같이 환경 또는 영양적인 요인에 의하여 조절 받는 것으로 추측된다.

3) 열수분출공(熱水墳出孔, hydrothermal vent)

심해에도 온천수와 같은 높은 온도의 수온이 존재한다는 것은 열수가 분출되는 곳을 발견한 후 심해연구자들은 인정하게 되었다. 일반적으로 심해는 저온, 고압의 환경조건에 의하여 내압성균 또는 호압성균과 같이 성장이 비교적 느린 생물들만이 존재하는 것으로 알려져 왔으나, 미생물의 대사활동에 의하여 도움을 받는 상당한 수의 무척추동물들의 군락들이 심해의 온천지역에 밀집하는 현상이 발견되었다. 지구물리화학적 조사에 의하면 대서양과 태평양의 해저에는 몇 개의 이와 같은 해저온천이 있는 것으로 알려졌다. 이 온천들은 해저 표면 가까이 위치한 뜨거운 현무암과 용암이 해저를 서서히 분리 이동시키는 지역인 해저 팽창 중심에 존재한다. 해저 암석의 균열을 통하여 스며드는 해수는 뜨거운 무기물질과 혼합되어 해저온천으로부터 분출된다.

이와 같은 열수분출공에는 온수분출공(溫水墳出孔, warm vent)과 열수분출공(熱水墳出孔, hot vent)의 두 가지 중요한 형태의 분출공이 알려져 있다. 온수분출공의 경우는 6~23℃의 온수를 분출하며(주위온도 2℃), 0.5~2 cm/초의 속도로 더운물이 분출되고, 열수분출공은 200~380℃의 열수를 1~2 m/초로 내뿜으며, 무기질을 다량 가지고 있는 뜨거운 물이 해수와 혼합될 때 구름상태의 침전물이 생기므로 "black smoker" 라고 불리며 이러한 분출공 주위에는 조개류나 맛살 같은 무척추동물이 다량번식하며 2 m 이상의 서관충(tube-worm)이 발견된 적도 있다.

대부분의 심해 지역이 생물학적인 생산성이 대단히 낮은 점으로 미루어 광합성을 하는 일차생산자는 없으나 어떻게 밀도 높은 동물의 군락이 형성되고 있을까? 이들 생물들이 생명 활동을 가능케 해주는 에너지원은 무엇인가? 열수분출공에서 분출되는 물의 화학분석에 의하면 다량의 유화수소, 망간, 수소가스 및 일산화탄소 등이 포함되어 있음이 알려져 있고, 경우에 따라서는 유화수소가 적은 대신 암모니아가 다량 포함되어 있기도 하다. 열수분출공의 화학성분 조사에 의하면 이들 동물군락은 분출공으로 부터 분출되는 무기질 에너지원을 이용하는 무기영양미생물의 활동에 의존하고 있음을 알 수 있다. CO_3^{2-}와 HCO_3^-의 상태로 해수에 녹아 있는 탄산가스는 무기영양균에 의하여 유기물질로 고정되게 되어 무기영양균은 열수분출공 환경의 동물군락을 연결하는 먹이 사슬의 중요한 기초생물의 역할을 수행하고 있는 것이다(*그림 2.8*).

그림 2.8 심해 열수분출공의 모형도

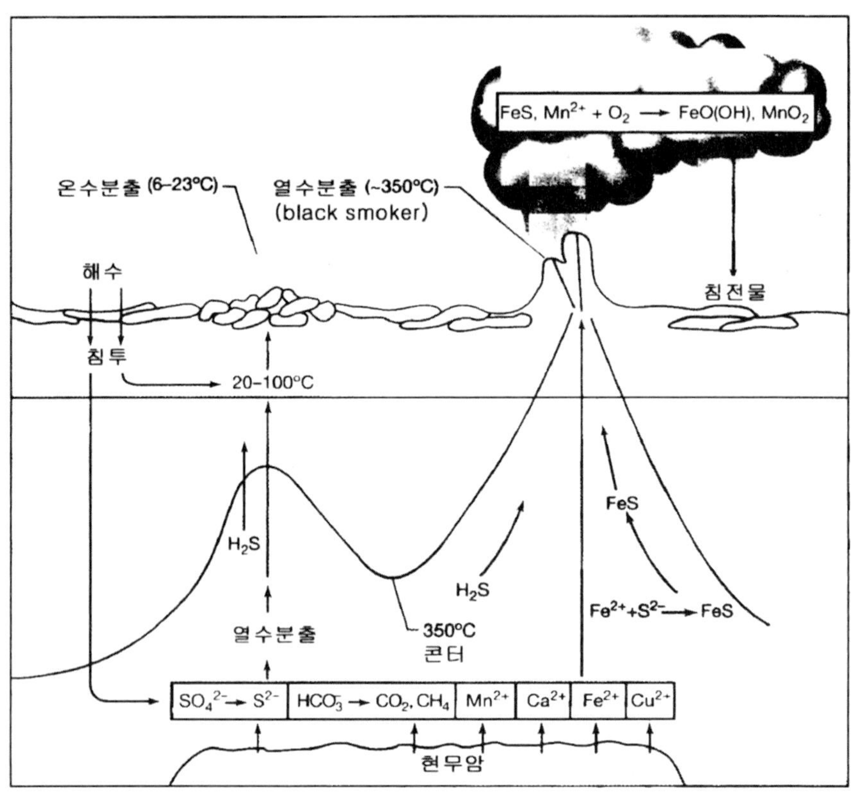

표 2.2 열수분출공의 일차생산에 중요한 무기영양세균

무기영양자	전자공여체	전자수용체
유황-산화세균	HS^-, S^0, $S_2O_3^-$	O_2, NO_3^-
질화세균	NH_4^+, NO_3^-, NO_2^-	O_2
황산염-환원세균	H_2	S^0, SO_4^{2-}
메탄발생세균	H_2	CO_2
수소-산화세균	H_2	O_2, NO_3^-
철 및 망간-산화세균	Fe^{2+}, Mn^{2+}	O_2
메칠영양균	CH_4, CO	O_2

4) 열수분출공의 미생물들

분출공 근처에서 채취된 수질 재료를 조사한 결과 *Thiobacillus, Thiomicrospora, Thiothrix, Beggiatoa*와 같은 유황산화세균들이 다수 분리되었으며, 이들 세균들이 CO_2를 고정하며, H_2S, $S_2O_3^{2-}$를 산화시키는 것이 밝혀졌다. 이외 질산세균, 수소산화세균, 철 및 망간 산화세균, 메탄영양세균 등이 분리되었으며, 특히 메탄세균은 분출되는 메탄과 일산화탄소를 이용하여 성장하는 것으로 생각되어진다. 다음 *표 2.2*는 열수분출공의 일차생산에 중요한 무기영양세균 관계를 나타낸 것이다.

2.3.5 담수의 미생물 생태

담수역은 강, 호수, 연못, 온천, 등을 들 수 있다. 수계의 환경은 화학적, 물리학적 성질이 다양하므로 이러한 수계에 서식하는 미생물의 조성도 다르다. 수계 서식처에서 가장 주가 되는 광영양 생물은 식물플랑크톤과 미생물이며 서식처에 따라 혐기성 광영양 세균도 많이 서식한다. 수중에 떠 있는 자유형 상태인 세균(free living bacteria)이거나, 자유롭게 부유하여 영양분을 섭취하고 광합성 작용을 하는 종류인 광합성 세균이나, 식물성 플랑크톤(phytoplankton)과, 동 · 식물이나 현탁물질, 암초 등에 부착해 있는 부착조류(benthic algea) 또는 부착세균(attached bacteria)이 서식하고 있다. 광영양 생물들은 일차적인 유기물 생산에 광에너지를 이용하므로 일차 생산자(primer producer)라 한다. 수중 생태계의 생물학적 활동은 궁극적으로 광영양 생물의 일차 생산율에 따라 영향을 받는다. 생물들의 활성은 수중의 물리적 환경(온도, pH, 빛, 압력 등)과 이용 가능한 영양물질의 농도 및 종류에 따라 영향을 받게 된다.

외양(먼바다)의 경우, 일차 생산이 낮은 수치를 보이는 것은 식물 플랑크톤의 성장에 필요한 무기염류가 낮은 농도이기 때문이며, 연안해역에는 강이나 기타 오염원인이 되는 공장 하수나 폐수에 함유된 다량의 유기물질이 유입되기 때문에 부영양화가 되어 일차 생산량도 높다. 외양에도 생산성이 높은 경우가 있는데 이것은 바람이나 해류가 해저의 유기물을 위로 분출하여 해저의 영양물질을 표면으로 이동시키는 경우이다. 즉 이러한 현상은 온도차 등으로 생기는 현상인데 용승현상(湧昇現像, upwelling)이라 한다. 캘리포니아와 페루 근처의 먼바다는 이와 같은 상승분출에 의하여 일차적 생산성이 높다고 알려져 있다. 일차 생산력이 높은 곳에서는 수산자원이 풍부하고, 유기물이 풍부하여 부영양화(富營養化現象)가 되면 적조 발생이 우려된다.

● 호수와 강에서의 산소의 동태

호수나 강에는 대기 중의 산소가 용해되기도 하고 식물 플랑크톤 등의 광합성 작용에 의해 생성된 산소가 용해되어 존재하기도 한다. 일반적으로 용존산소는 표층에 많이 분포하고 있으며 수심이 깊어질수록 분포량이 줄어든다. 이러한 이유는 수심이 깊어질수록 산소의 공급이 줄어들거나 중단되고, 유기물 분해 시 미생물들이 산소를 소모하며, 수산 동물들이 용존산소를 소모하는 등 여러 가지 이유 때문이다. 대부분의 경우 산소가 결핍되면 통성 혐기성균이나 혐기성균이 서식하게 되며, 대사과정도 용존산소가 존재하는 곳에서는 호흡대사에 의하여 생활하지만 혐기적 조건에서는 발효성 대사로 바뀌는 등 표층과 저층의 탄소 순환의 연쇄작용이 일어난다.

물의 산소 결핍상태에는 몇 가지 요인이 존재한다. 생산성이 낮은 호수나 외양과 같이 수중에 유기물이 없는 경우 수중의 영양물질 분해로 인한 산소 소모는 적다. 용승현상이 일어나는 강이나 호수의 경우는 유기물질의 분해과정에서 분해세균에 의하여 용존산소를 소모시킨다. 유속이 빠른 강의 경우 물의 혼합이 쉽게 일어나므로 결과적으로 저층에도 산소가 혼합된다. 호수의 경우는 계절에 따라 용존산소의 분포량이 달라진다. 여름의 경우 따뜻하고 밀도가 낮은 표층(epilimnion)과 차고 밀도가 높은 하층(hypolimnion)으로 층화(stratified)가 일어난다. 흔히 초여름에 층화가 완료되면 하층은 무산소 상태가 된다. 늦가을 또는 초겨울에 표층의 물이 하층의 물과 교환 전도(turn over)가 일어나게 되어 하층부에까지 산소공급이 진행된다. 이와 같이 대부분의 온대 기후의 호수들은 하층부의 물이 호기와 혐기성의 연중 사이클이 계속된다.

● **강(River)**

강에서 산소에 관한 문제는 생활하수 또는 공업적인 오염물질이 강에 유입되는 경우 큰 문제가 될 수도 있다. 강은 비교적 급한 유속과 소용돌이(turbulence)로 인하여 물의 혼합이 원활하기는 하지만 많은 양의 유기물질이 유입(流入) 되면 수중의 산소는 유기물질의 분해 시에 소모된다. 생활하수가 가해지는 지점에서 멀어지면 자정작용에 의하여 유기물질의 분해가 일어나므로 용존산소량은 서서히 정상으로 돌아오게 된다. 수중의 산소결핍은 수생동물의 호흡을 불가능하게 하여 일시적인 무산소 상태로 질식현상을 야기(惹起)시키며, 이러한 상태가 오래 지속되는 경우 혐기성 박테리아의 번식과 함께 악취를 내는 물질이 형성된다(아민, 황화수소, 메르캅산, 지방산). 이들 물질 중에는 고등생물에 독성을 나타내는 것들이 있다.

● **생물학적 산소 요구량(biochemical oxygen demand)**

생물학적 산소요구량(BOD)은 수질을 완전히 밀폐된 상태에서 흔들어 주면서 일정기간 동안 항온에서 배양 후(20℃에서 5일간 배양), 잔존하는 산소의 량을 측정하여 결정한다. BOD는 수질 중 미생물이 유기물질을 분해하는데 요구되는 산소량을 말한다. BOD값이 떨어진다는 것은 유기물질이 적거나 수질이 정화되고 있다는 것이다. 수중에서 산소와 탄소의 순환은 복잡하게 연결되어 있으며 유기영양세균 등이 수질의 생물학적인 성질과 생산성을 결정짓는데 중요한 역할을 한다.

2.3.6 이토(泥土, mud) 중의 미생물

하천을 통하여 유입되는 유기물질은 연안해역이나 호수 또는 기수역의 저층에 쌓이게 된다. 이러한 연안해안의 이토 중에는 유기물질이 풍부하여 다양한 세균이 발견된다. 세균의 수도 10^6~10^8 cell/g 정도이고 오염이 심한 해역의 이토 중에는 10^8

cell/g 이상이 된다. 호수의 경우도 유기물질의 유입이 많은 곳과 빈 영양 상태의 경우 세균 수나 종의 차이가 생긴다. 심해나 호수에도 난분해성 물질이 축적되어 있고 세균 수는 10^4~10^9 cell/g 정도다.

이토(泥土, mud)의 환경은 일반적으로 표면에서 호기적인 조건이나 이토표면에서 대개 3 ㎝ 이상의 깊이에 따라 혐기적 세균이 분리된다. 이토에서 분리되는 세균은 메탄세균, 유산환원세균, 비브리오, 프라보 박테리움 등이 분리되고 있으나, 호수나 하구의 이토에서는 구균 종류도 분리되고 있다. 메탄 균과 유산환원세균은 상반된 점을 볼 수 있다. 담수의 영향을 받는 연안해역의 경우 일반적으로 메탄생성이 높고 반면 유산 환원이 저하되지만, 유산환원 균이 증가할 경우 메탄 균이 감소된다. 같은 장소에서 일어나는 현상의 상관관계로 생각할 수 있다.

2.4 토양환경과 미생물

토양은 다종다양한 구성물질의 집합체로, 물질의 종류나 토양의 생성과정 또는 토양중의 물질의 변화, 물질의 이동 등으로 인하여 토양의 특징이 형성된다. 토양 중에는 수많은 미생물이 서식하고 있으며 크기로는 대개 10 ㎛ 이하이다. 이러한 미생물들이 서식하는 장소의 크기는 100 ㎛ 전후의 장소를 중심으로 군집을 형성하고 상호작용을 하면서 생활한다. 이러한 장소를 미시적 장소(微視的場所, microhabitat) 라고 한다. 일반적으로 밭, 논, 삼림, 초지의 토양 등을 대표적인 토양으로 들 수 있다.

2.4.1 토양성질과 미생물

토양은 물리적, 화학적, 생물학적인 과정을 통하여 변화되고 형성된다. 주위에 보이는 어떤 암석을 보더라도 조류나 지의류 또는 선태류 등이 부착되어 있는 것을 발견할 수 있다. 이들 생물들은 광영양 생물들이므로 박테리아나 균류(곰팡이)가 이용할 수 있는 유기물질을 생산하며 유기영양 박테리아는 암석에 존재하는 광영양생물의 정도에 따라 그 수가 증가하게 된다. 유기 영양균의 호흡에 의하여 형성되는 탄산가스는 수성암과 같은 암석의 분해에 중요한 역할을 하는 탄산(carbonic acid)으로 변한다. 많은 유기 영양자들은 유기산들을 분비하는데 이것들이 암석들을 더 작은 입자상태로 분해하는 역할을 한다. 결빙과 해빙 현상 및 그 외의 물리적 과정에 의해 암석 내에 균열이 생기기 시작하며, 이 균열을 따라 형성되는 토양에 고등식물이 번식하게 된다. 여기에서 뻗어나는 뿌리가 암석의 분쇄를 증가시키며 뿌리의 분비물에 의하여 근계(rhizosphere, 뿌리 주위의 토양)의 형성이 촉진된다. 식물이 죽게 되면 그 잔해는 토양에 섞여지고 영양물질로 쓰이며 미생물의 번식을 촉진하게 된다. 무기물질은 좀 더 수용성인 상태로 된 후, 물이 이동함에 따라 땅속으로 깊이 스며든다. 침식작용이 계속됨에 따라 토양 동물들이 나타나게 되며, 이들은 토양의 표면토를 혼합시키는 역할과 함께 토양층에 산소를 공급시키는 작용을 한다. 이와 같은 작용에 의하여 토양의 층이 형성되고 전형적인 토양의 단층구조가 나타나게 된다. 토양의 전형적인 단층구조의 형성은 기후와 그 외 다른 요인에 의해 오랜 세월에 걸쳐 이루어진다. 논이나 밭, 초원에는 미생물의 서식처가 다르다. 물에 잠겨 있는 흙의 표면의 수 mm 까지는 산소가 유입되어 토양이 적갈색으로 되고, 초산균과 같은 산소를 필요로 하는 미생물도 활발하게 서식한다. 이 적갈색의 흙은 산화층(酸化層)으로 호기성 세균이 서식한다. 토양의 지하층의 경우, 산소가 미생물 등의 소비로 없어지게 되면 혐기성 세균이 활약하게 되고 흙속에 철(鐵)이 있는 경우, 토양은 회색에서 청회색으로 변한다. 따라서 산화층과 환원층으로 나눈다. 이 층에 따라서 유기물질의 분해속도가 달라지며, 분해가 되지 않을 경우에는 유기물이 축적되기 쉽다.

삼림토양(森林土壤)의 경우 기본적으로 인간의 힘이 가해지지 않는 자연의 상태를 말한다. 미생물상(微生物相)이나 물질대사의 특징은 두 가지의 기본적인 성격에 의하여 규정된다. 수목(樹木)에서 합성된 유기물은 분해 호흡 등에 의하여 소실되는 부분을 제거하면 궁극적으로 미생물에 의하여 분해되어 무기화된다. 정상상태에 있는 삼림으로는 낙엽이 떨어지는 장소에 모이는 것들이 유기물로서 미생물에 의하여 무기화된다. 유기물질은 낙엽이 모여 있는 흙의 표면에서 분해가 진행되지만 지층하에서도 분해는 진행된다. 삼림에서는 물질순환과 에너지의 흐름이 한 부분을 차지하고 있다.

2.4.2 토양중의 미생물의 분포와 생태

미생물의 활발한 생장은 토양 입자의 표면에서 일어난다. 작은 토양의 덩어리에도 다양한 미세환경이 존재할 수 있으므로 여러 가지 종류의 미생물이 존재할 수 있다 (*그림 2.9*).

토양 입자상의 미생물을 직접 확인하기 위해서는 형광 현미경을 써서 형광물질로 염색된 미생물을 관찰하는 방법이 있다. 즉, 형광항체 염색법을 써서 토양내의 특정한 미생물을 관찰할 수 있다. 토양과 같이 불투명한 표면의 미생물은 주사 전자현미경(scanning electron microscope)을 이용하여 관찰하는 것이 토양미생물의 효과

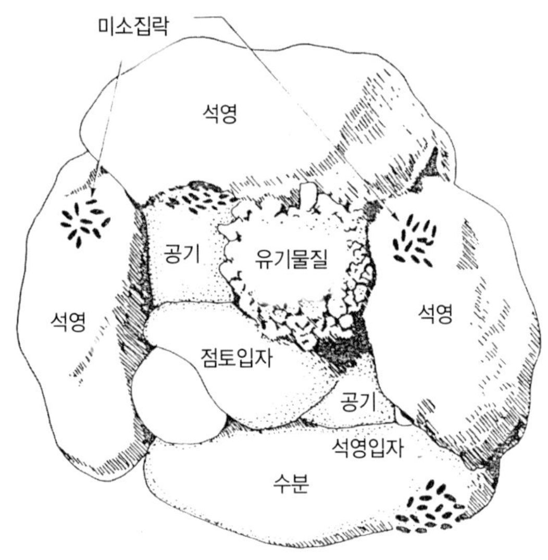

그림 2.9 무기질과 유기질로 이루어진 토양 덩어리 중의 토양 미생물의 분포를 보여주고 있음. 미세집락은 토양중의 액체에는 거의 형성되지 않고 대부분이 토양의 입자에 부착하여 나타난다(Brock, 1979)

적인 연구방법 중의 하나다. 주사 전자현미경은 토양미생물의 형태에 관한 자료를 얻는 것은 물론 토양입자의 표면에 존재하는 미생물을 계수하는 것에도 쓰인다.

토양내의 미생물활동에 영향을 주는 가장 주된 요인 중의 하나는 수분의 존재이다. 수분은 토양을 이루는 성분 중 가장 변화가 많은 요소로서 토양의 조성, 강우량, 배수성 및 수관(나무그늘)의 정도에 따라 영향을 받는다. 수분은 표층에 흡수된 상태, 또는 토양 입자간의 얇은 막 상태의 자유수 상태로 존재한다. 토양수는 토양용액(soil solution)으로 불리우며 여러 가지 물질들이 용해되어 있다. 배수가 잘 된 토양의 경우, 공기의 유통이 용이하므로 산소의 농도가 상당히 높다. 물에 젖은 토양의 경우, 산소는 단지 물에 녹은 정도에 불과하며 이들 산소는 미생물에 의하여 단시간 내에 소비된다. 이와 같은 토양은 쉽사리 혐기성으로 되어 토양의 생물학적인 성질이 많이 바뀌어 진다.

토양이 가지고 있는 영양물질의 상태는 미생물의 활동에 영향을 주는 또 다른 중요한 요인이다. 가장 높은 미생물의 활동은 유기물질이 풍부한 표층토, 특히 식물의 뿌리 주위(根界, rhizospere)에서 일어나며, 토양미생물의 수나 활성도는 존재하는 영양물질의 농도에 절대적인 영향을 받는다. 어떤 토양의 경우 탄소원은 문제가 되지 않는데 인과 같은 무기물질과 질소 등이 미생물의 생활 성장 등을 제한하기도 한다.

2.4.3 토양 심층 미생물학

최근 지하수와 관련하여 오염물질의 침출 및 지하수맥으로 이동 등에 관하여 여러 가지 문제점이 나타나게 되어, 많은 사람들의 흥미가 토양 심층부의 미생물의 역할에 집중되고 있다. 지상에서 수백 m 지하의 심층부 토양을 무생물지대라고 생각하는 것은 잘못된 것이다. 여러 종류의 세균이 심층부토양에서 발견된다. 300 m 지하에서 무균적으로 채취된 토양재료에서 흔히 세균이 발견되는데, 이들 세균은 표층부분의 토양에서 발견되는 종류들과는 상당히 다른 것들이다. 심층부의 미생물들도 지하수의 흐름을 통하여 필수적인 영양물질을 얻고 있는 것으로 알려져 있으며, 이들 세균의 대사율은 자연환경에서 낮은 것으로 측정되어 있어 토양표면의 세균에 비하여 생 · 지화학적 역할이 미미한 것으로 알려져 있다. 그러나 이들 심층부 세균의 역할은 오랜 기간에 걸쳐 일어나며, 유기물질의 무기질화나 미생물의 대사물질이 지하수로 유입되는 현상 등이 일어나는 것으로 알려져 있다. 표층의 토양으로부터 씻겨 내려간 독성물질(예, 벤젠, 농약 등)에 대한 토양심층부 미생물의 분해작용은 매우 흥미롭다.

● 토양미생물과 biomass

1) 미생물 계통

1860년대에는 생물계를 동물계와 식물계로 나누었다. 육상의 고등동물과 고등식물의 공통점과 그들의 특성은 영양섭취(고형물영양, phagatrophic)를 하는 것, 운동성을 가지는 것, 뿌리에서 고정하는 것, 광합성을 하는 것을 기준으로 한다. 대표적인 것은 euglena와 유사동물로 1~3개의 편모로 운동하며 광합성을 하는 단세포생물이다. Hackel(1866)의 protozoa(원생생물, protista), Hogg의 prtotoctista(난세포, 고등 동 · 식물 포함) 등이 그 예이다. Whittaker(1969)는 생물계를 진화계열, 영양형으로 나누었는데, 이것은 균류 및 단순세포 생물로 구분한 것이다.

통상 미생물로 취급되는 것은 세균류, 균류, 조류, 원생동물, 리켓치아, 마이코플라스마, 바이러스이다. 입자(virion)는 DNA 또는 RNA만의 핵산을 가지고 숙주세포의 ribosome을 이용하여 증식하며, 동, 식물에 병해를 준다. 토양미생물의 좋은 연구대상은 비교적 단순한 진핵생물에 속하는 균류의 일부와 원핵생물에 속하는 세균류, 원생동물, 조류, 고등균류 등이다.

● 미생물의 종

미생물은 단세포 분류의 기본이며, 집락(colony)을 기본단위로 한다. 세균은 문, 강, 목, 과, 속, 종으로 나누어 명명한다. Bergey's manual(1957, 1974, 1984, 1986, 1989, 1994), Krissilnikov(1959), Cowan(1965, 1970, 1971) 등에 의한 계통분류와 Sneath(1957)와 Sokal(1958, 1963)에 의한 수리분류방법 등을 참고하여 분류를 한다. 최근에는 분자기법에 의해 분류하기도 한다.

● 토양세균

토양에 존재하는 균은 토양 고유형(autochthonous)과 발효형(zymogenous)으로 나눈다(Winogradsky, 1925). Winogradsky와 Cone은 소형세균을 토양 고유세균이라 하였다. Clark(1967)는 토양세균의 에너지 획득대사와 탄소원 이용에 관하여 보고하였으며, 종속영양형(heterotroph)과 독립영양형(autotroph)에 대한 극히 일부의 연구가 행해지고 있다. *Thiobacillus*속의 *Hydrogenomonas*는 유기물을 이용한다. 토양세균은 25~35℃에서 성장하는 중온세균(mesophilic)과 그람양성균이 많으며, *Corinebacterium*이 대표적인 균종이다.

1) 토양의 방선균

가장 중요한 방선균은 *Actinomycetales* 目이며, *Mycobacterium*屬도 속한다. Waksman(1961)은 방선균이 기균사, 색소를 형성한다고 보고하였으며, *Streptomyces*가 대표적인 균종이다.

방선균(放線菌)은 다양한 형태로 진균(眞菌)과 유사성이 있지만 생체의 화학적 성분으로 보면 원핵세포인 것으로 되어 세포벽조직등이 세균에 속한다. 생활사는 어느 시기에 균사(菌絲)를 형성하는 그람양성세균이다. 그러나 GC함량은 보통 세균과 많이 다르다. 세균의 5SrRNA의 염기서열의 연구에 의하면 구성염기의 수나 배열에 의한 계통발생학적으로 세균 중에는 독특한 그룹을 구성하고 있다.

2) 토양의 사상균

사상균은 0.5~10 ㎛ 크기이며, 기균사, 포자낭 또는 분생자, 포자를 형성한다. 사상균은 체성분 중 탄소가 30~50% 존재하고, *Aspergillus*와 *Penicillium*이 대표적인 균종이다. Griffine(1972)과 Peyronel(1966)은 사상균 flora를 환경조건과 관련하여 체계화 시켰다.

● 토양미생물의 양

토양미생물을 질적, 양적으로 파악하는 문제로 측정법은 다음과 같다.

① 희석평판법
토양중의 세균의 포자수를 측정한다(Warcup, 1955).

② 직접법
현미경하에서 균수, 사상균, 길이 등을 측정한다. Jones와 Mollison(1948), Jenkinson *et al.*(1976)은 homogeniger에 의한 분산법으로 측정하였으며, 세균의 계수값을 염색액(PAB)에 의해 측정하거나 위상차현미경으로 관찰(Frankland, 1974)하였다. Oades와 Jenkinson(1979)은 10^3 μ이상의 세균은 드물기 때문에 세균의 크기로서 현존량을 측정하였다.

3) 토양의 gas(CO_2) 발생증가에 의한 biomass

질소의 무기화작용과 CO_2 gas 발생 관계가 중요하다. Jenkinson과 Powlson(1976)은 ① biomass와 토양 CO_2 gas 발생 관계 ② Biomass와 ATP 함량관계 ③ Biomass와 토양 훈증에 의한 질소 무기화의 증가량 관계를 조사하였다.

● 토양미생물의 biomass

Jenkinson *et al.*(1976, 1979)은 토양미생물과 유기물과의 관계를 보고하였다. Biomass는 토양 전 유기탄소에 비례하여 증가하며, 토양 중의 미생물 증식은 탄소화합물의 양에 강한 제한을 받고 있다.

토양미생물의 biomass 중 세균과 사상균의 비율에 대하여 Anderson과 Domsch(1975)는 2.0 ppm의 streptomycine을 첨가한 토양의 탄산가스 발생속도 측정에서 사상균의 biomass비가 논에서 1.09~9.0, 임지(林地)에서 1.5~4.0의 값을 나타내었다고 보고하였다. 사상균의 biomass가 세균의 biomass보다 높으므로 토양의 식물유체 또는 토양유기물의 주요한 분해자가 사상균임을 의미한다(과거 직접법 data는 세균의 biomass가 많다고 했다).

표 2.3 삼림 생태계의 각 부위에서 분리한 세균의 형태적 특징

세균군 / 산림 외 부위	포자 형성균	비포자 형성균						사멸
		구균	형광색소 생성균	비형광 색소형성균	비색소 생성균	다형태 생성균	방선균	
밤나무 생엽	3.2	10.5	16.7	44.3	20.3	2.8	1.8	0.3
지표식물의 잎	2.0	0	12.0	25.8	43.0	11.3	1.5	4.5
근과 근권	7.7	0	2.7	12.5	52.9	9.4	10.3	4.6
표층토양	25.6	0.2	1.5	3.2	20.7	24.5	21.5	2.9
하층토양	23.8	0.2	0.4	1.6	8.8	5.0	57.0	3.2

① 사상균

Warcup(1951)은 토양 중의 사상균을 평판배양법으로 조사하였으며, 石井(1967)은 토양의 사상균의 수직분포를 조사하였다. 불완전균은 *Tricoderma, Penicillium, Cephalosporium*, 조균류(藻菌類)는 *Absidia, Mucor ramannianus, Mortierella* 등이며 다수의 포자를 형성한다.

② 세균

삼림종에 따라 균종도 다르다. Jensen(1971)은 덴마크의 밤나무밭 토양(pH 6.0~6.7)에서 세균을 분리한 결과 표 2.3과 같았다.

③ 엽면세균(葉面細菌, phyllophere bacteria) (Ruinen, 1961)

자외선에 부적합하고, 세포에 대한 산소독성과 깊은 관계가 있다(淺田, 1976). 산소분자는 광에 의하여 O_2로 활성화된다. Carotenoid는 산소로부터 생체를 보호한다. *Serratia lutea*는 색소가 없으면 밝은 곳에서는 생육이 불가능하다(Mathws, Roth *et al.*, 1974). Jensen(1963)은 비색소 생성균이 비타민 요구성이 강하다고 보고하였다.

● 논 토양의 불균일성과 미생물

1) Eh의 불균일성

2) 유산환원균과 유산환원반응의 불균일성

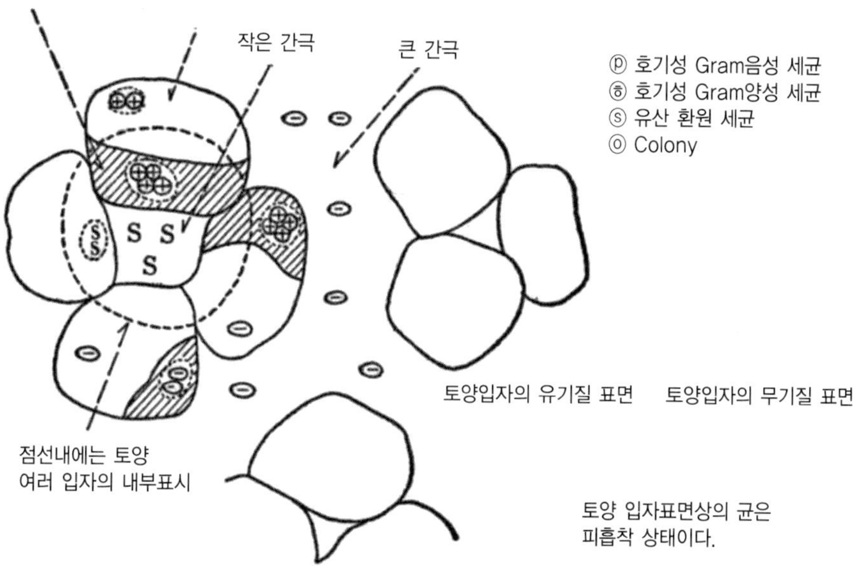

그림 2.10 논 토양내의 세균의 미세 분포

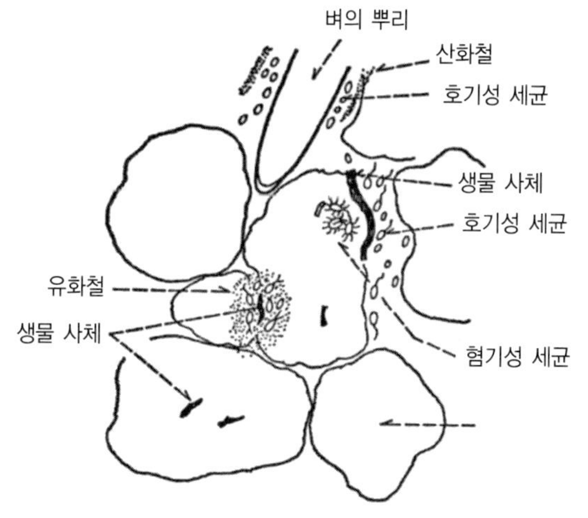

그림 2.11 논토양의 세균서식(Furusaka 1977)

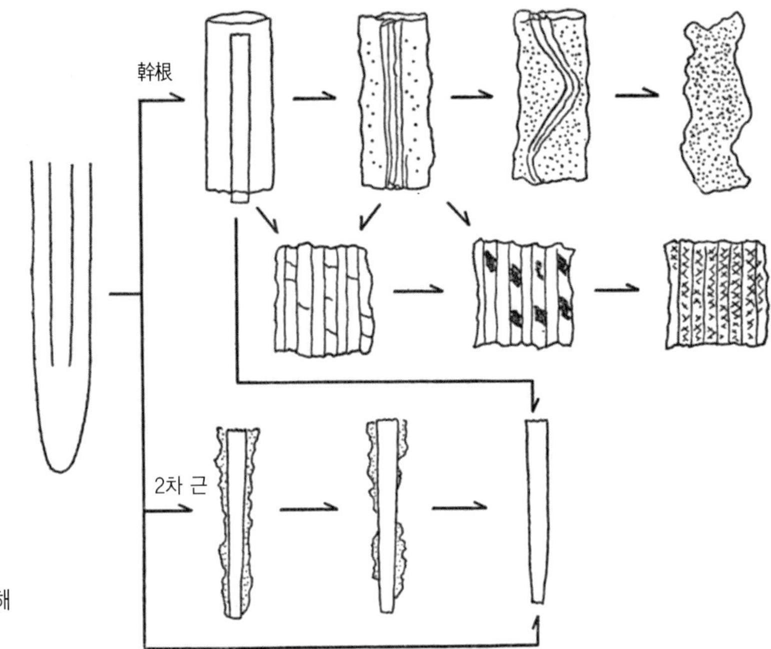

그림 2.12 벼 뿌리의 분해 과정(和田 1978)

3) 망간 산화물과 망간 산화균의 불균일 분포

4) 잠수 토양내의 미생물의 분포 현황

고분자 유기물을 분해 가능한 세균이 토양입자 표면의 유기질 부분을 서식 장소로 한다. 유기질 분해가 불가능한 종은 무기질 표면에 부착한다.

그림2.10에서 그람음성세균은 토양입자에 흡착되기 힘들어 간극수(間隙水) 중에 비교적 많이 존재한다. 유황 환원세균은 호기성세균과 다른 장소인 소 공극(空隙) 주에 주로 서식한다.

투수실험(透水實驗)에서 호기성 세균에 대한 그람음성세균의 비는 토양보다 침투수(浸透水) 쪽이 많다. 잠수(潛水)토양을 단시간에 다량의 물로 침투시키면 호기성세균에 대한 그람음성 균수의 비율은 투수(透水)개시 초에서 완료될 때 점차 증가한다. 유황환원 균과 호기성세균에는 투수에 따라 토양에서 세탈(洗脫)되는 양식이 다르다. 분리 배양한 미생물에 대하여 그람음성세균이 그람양성균보다 토양입자에 흡착하기 힘들고, 침투수에서 분리된 세균은 gelatin이나 starch 등의 고분자물질을

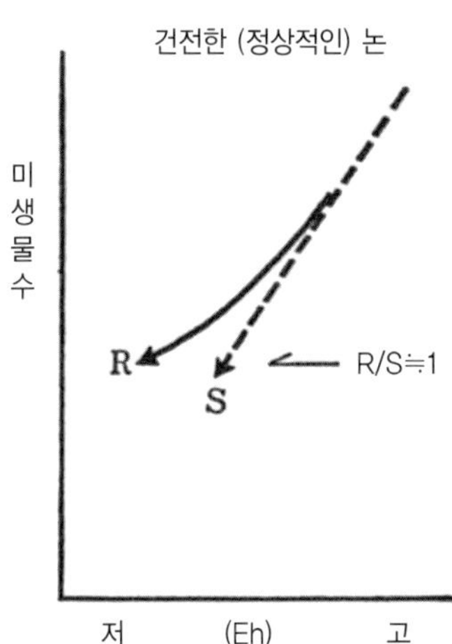

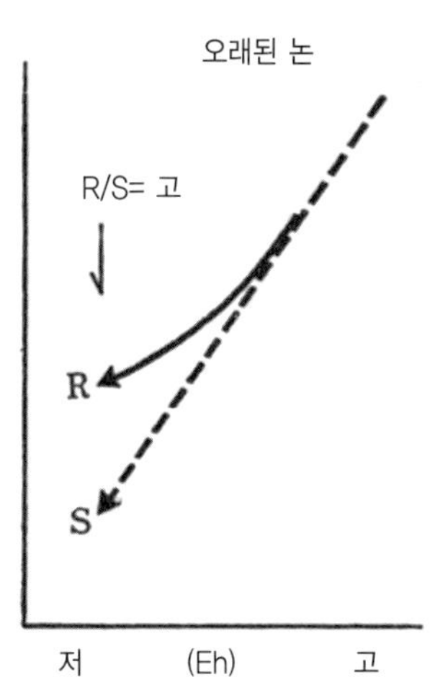

그림 2.13 호기성 세균의 수와 Eh의 관계(Kimura et al., 1979). R: 근권 토양의 미생물, S: 비근권 토양의 미생물

분해하는 능력을 가진 것이 드물고 토양에서 분리된 세균은 고분자 물질을 분해하는 능력을 가진 것이 많다.

● 미생물에 의한 식물 사체의 분해과정

식물 사체는 미생물의 생활 근거에 대단히 중요하다. 토양에서 분리된 식물 사체 중 식물체 원래 조직과 구별되는 것은 형체가 크고 분해 속도가 늦으나, 식물체 조직 구조가 구별되지 않는 경우는 형체가 작고 분해속도가 빠르다. 연조직, 표피, 섬유관의 순으로 분해 소실되고, 동일 조직 내에서도 세포벽이 미생물 침입에 의하여 장애를 받는다. 형체가 작은 식물유체에는 균사, 균체, 포자 등이 많이 존재하고, 0.01~0.07 mm의 식물사체에는 미생물이 많다.

● 벼 뿌리와 미생물

식물근의 근권(根圈)에 존재하는 미생물은 식물뿌리 주위외의 장소보다 많이 존재하고 종류도 다양하다. 미생물은 식물뿌리를 둘러싼 토양, 식물 뿌리의 내부까지 침입 증식한다.

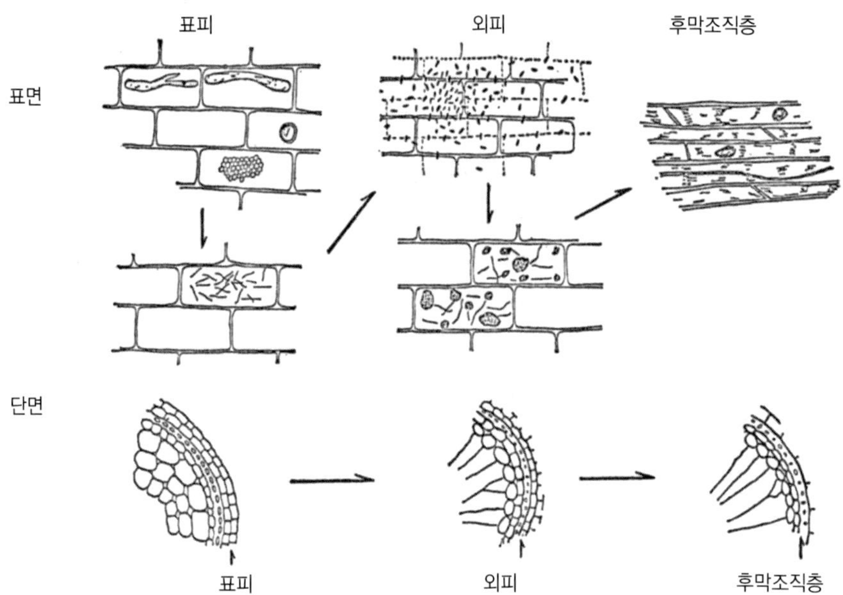

그림 2.14 벼 뿌리의 표피, 외피분해의 모식도(官下등 1977)
상; 표피, 외피, 후막 조직층의 미생물 관찰.
하; 옆면의 단면도, 표피, 외피 후막 조직층의 미생물 침입

1) 벼 뿌리를 둘러싼 토양(根圈)에서 생육하는 미생물

벼 뿌리를 둘러싼 토양에서 생육하는 미생물은 수분, 무기영양분을 흡수하고, 토양에 효소, CO_2, 질소, 유기물, 당, 아미노산, 고분자화합물, 탈락세포 등을 방출한다(Wada, 1978). 이러한 미생물은 그 종도 다양한데, 환원 상태가 발달한 토양에는 혐기성균의 R/S비가 현저하게 높다.

2) 벼 뿌리의 내부에 침입한 미생물

잠수 초기에 *Polymixa griminis*라고 생각되는 미생물이 존재 → 잠수 후 급격히 감소 → 종이 다양해진다. 외측에서 내측으로(표피→외피→후막 조직층) 조직이 붕괴된다.

● 잠수토양의 미생물상

논이 잠수되면 토양의 공극에 물이 채워져서 환원상태로 되며, 사상균, 방선균이 억제된다. 토양 중의 방선균은 *Micromonospora, Streptosporangium*의 비율이 높고, *Streptomyces* 중에는 *S. oidespreus*가 보인다.

1) 호기적으로 분리한 세균

*Corynebacteria*가 전체의 $\frac{1}{2}$을 차지한다. 그람양성 세균은 *Bacillus, Arthrobacter, Corynebacterium, Brevibacterium, Microbacterium, Kurthia, Actinomycetales,* 그람음성 세균은 *Pseudomonas, Acinetobacer, Alkaligenes, Flavobacterium, Erwinia* 등이 분리되었다.

2) 혐기적으로 분리한 세균

잠수 전에는 *E. freundii, Bacillus, Clostridium,* 잠수기에는 *Aeromonas hydrophila, Staphylococcus* sp., *Streptococcus* sp., *Bacillus, Clostridium,* 낙수 후에는 *Erwinia* sp., *Bacillus, Clostridium* 등이 분리되었다.

● 생태계에서 논의 토양

자연 육상생태계는 고등식물(생산자)이 생산한 유기물을 동물이 소비하고, 식물, 동물의 유체를 미생물이 분해하며, 물질순환, energy의 흐름, 토양의 소비자와 분해자가 활동하는 중요한 무대이다. 토양의 생물군집과 토양의 비생물학적 환경이 연결되어 있는 상태를 토양생태계라고 한다. 이때 벼는 생산자이다.

① 전 생육관에 광합성 고정: 유기물을 생산하므로 유기질 비료를 사용한다(보충용). 벼는 고정한 유기물 19~20%, 유기물 40%를 소모한다.

② 생산자로서 조류도 중요한데 토양에 있는 유기물 양과 조류에서 유래되는 chlorophyll상 물질은 정의 상관관계이다.

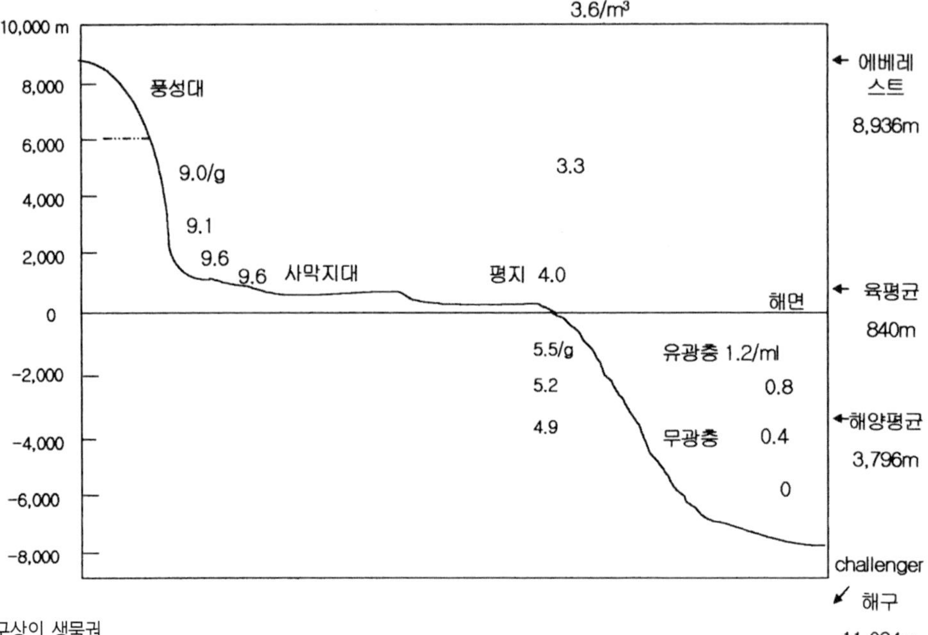

그림 2.15 지구상의 생물권의 모양도. 숫자는 세균수를 대수로 표시한 것

③ 화학비료

식물이 흡수한 무기성분이 토양으로 배출→ 미생물의 작용→다시 식물이 이용→순환작용을 한다. 유산함유 비료는 유화수소를 발생하여, 벼 뿌리에 영향을 주는 수도 있다. 질소의 장기 사용은 토양 중의 유기태 질소를 감소시켜 벼 뿌리의 흡수가 저하된다

④ 소비자, 분해자의 활동에 의하여 하기 잠수된 논은 환원상태가 된다. 호기적 분해자, 소비자가 제한을 받고, 분자상태의 산소를 필요로 하는 유기물 분해도 저해를 받는다.

⑤ 물질이동은 물과 저질 중에서 일어나며, 생태계(잠수토양)는 첨가된 물질의 침전, 여과, 흡착, 유기화, 분해, 탈질화 반응, 흡수 등이 다양하게 일어난다. 물질량이 많을 경우 생태계에 부영양화 현상이 생긴다.

표 2.4 대기층의 구분과 특징

명 칭	범위(높이)	대기조성	온도	비 고
대류권(對流圈, troposphere)	적도상 17 km 중위도 17~13 km 극지 6~8 km	N_2; 78%, O_2; 21%, Ar; 0.9%, CO_2; 0.03%	높이에 따라 저하 (적도권계면에서는 -80℃)	가압 밀도는 높이와 같이 저하. 중위도 경계면에서는 편서풍(Z기류) 강함
성층권(成層圈, straptosphere)	권계면에서 50~60 km 두께	상동	높이에 따라 상승 (상부 약 0℃)	本圈하층의 오존층은 태양의 자외광, 지표에서 적외선 흡수
중간층(中間層, merosphere)	80 km	N_2, O_2가 주가 됨	높이에 따라 저하 (평균 -50℃)	
열권(熱圈, thermosphere)	200~500 km까지	O_2가 주가 됨	높이에 따라 상승(최고 250~1,500℃)	
일출권(逸出圈, exosphere)	550 km 보다 위	He, H_2가 주가 됨	등온역 (等溫域)	대기밀도 극히 적음. 기기권 외부와 연결

⑥ 물질변화에 의하여 세균상이 다르고, 토양의 환경도 중요하다. 물질이 변화함에 따라 균종의 영양요구성이 다르기 때문에 균종도 달라지며, 토양의 환경에 따라 환경에 적응하는 균종이 달라지기도 하며 생성물질도 달라질 수 있다.

2.5 대기 중의 미생물의 분산

지구 표면은 500 km 이상의 높이까지 대기권으로 둘러 쌓여있는데 이것을 대기권(大氣圈, atmosphere)이라 하다. 그 중 생물권(生物圈)으로서는 최고층의 대류권(對流圈, troposphere)이다. *그림 2.15*에서 대류권의 권계면(圈界面, 성층과의 경계)까지 높이는 중위도(中緯度)에서 7~13 km로 그 범위 내에는 우리들이 기후라고 부르는 여러 가지의 현상, 예로서 공기의 대류, 기타 유동(風) 구름의 생성 또는 강우(降雨)나 강설(降雪, precipitation)이 일어난다.

*표 2.4*에서 보듯이 대류에는 기온, 기압, 밀도는 높이가 증가됨에 따라 저하하지만, 그 중 기온은 지표에서 가까운 부근에는 불규칙적으로 변화하며 일반적으로 150

m 상승할 때마다 약 1℃의 비율로 저하된다. 적도의 권계면에서는 -80℃까지 저하하고 성층권에 진입하면 다시 상승한다. 대류권내의 대기는 몇 가지 층으로 구분된다. 즉 지표, 기타 표면에 접하고 있는 박층경계층(薄層境界層, laminar boundary layer), 그 상부의 교란경계층(攪亂境界層, turbulent layer), 외부마찰교란층(外部摩擦攪亂層, outer frictional turbulent layer), 그리고 최상층의 대류층(對流層, convection layer) 등이 있다. 박층경계권은 고요한 장소로서 mm 정도의 두께밖에 없는 공기층이 있고, 이 주위의 공기가 유동하여도 움직이지 않는 부분이다. 따라서 작은 입자가 공기 중에 비산(飛散)하여 분산하기 위해서는 우선 그 층을 벗어나야 한다. 일단 박층경계층을 벗어나면 보통 10 cm~10 m 정도 두께로서 교란경계층에 들어가 미립자는 공기의 이동에 따라서 비교적 가까운 거리의 범위를 이동할 수 있다. 그래서 미립자가 외부마찰교란층을 통과하여 제일 높은 부분인 대류층(두께 100 m~10 km)으로 이동하면 상당히 높고 또한 원거리까지 이동, 운반될 수가 있다. 기타 물질 표면인 박층경계층 가까운 부분에는 국소적으로 와류(渦流, eddy flow)가 생겨, 기타 물질 표면 미립자를 박층 밖으로 이동시키는 역할을 하게 된다. 이러한 와류는 요철 모양의 표면에서 잘 발생한다. 공기 중의 대류는 지표면 온도의 상승에 의하여 따뜻한 공기가 환(環, ring)을 만들어 상승하는 현상도 있고 높아짐에 따라 대류층에서 수 km까지 상승한다.

미생물과 같은 미세한 입자로 대기 중의 분산은 균류의 포자나 식물의 화분과 같은 것들이 독자적으로 분산하는 경우와 세균세포와 같이 토양 미립자, 기타 먼지, 동물 외피의 박편(外皮薄片, skin scale) 등에 부착하여 분산하는 경우도 있다. 어떠한 조건이건 대기 중의 분산은 기물(基物)표면에서 벗어나야 한다. 한 층에서 탈출(분산)하는 데는 energy가 필요하다. 여기에는 와류, 기타 공기의 유동력, 빗방울 등을 예로들 수 있다. 미생물 자체로서 방출(放出, liberation) 또는 사출(射出, discharge)의 기능도 있다.

많은 균류와 포자는 포자병상(胞子柄上)에 포자를 착생하고 있으나 그 주변에 와류가 생기면 탈기(脫氣, deflation) 현상에 따라 포자가 운반된다. 잎이나 나무 가지가 바람에 의하여 흔들거리거나 가지가 서로 부닥치면, 기계적 진동이 생기고 균류포자는 비산한다. 농기기의 진동으로 대량의 포자가 탈락(脫落)하기도 하고, 또 물 표면에 강풍이 생기면 물은 에로졸(aerosol)로 되어 비산하고, 세균이나 균류는 에로졸에 휩쓸린 채 분산한다. 에로졸 중의 수분은 증발하고 내용물은 작은 방울덩어리(小滴核, droplet nuclei)가 되어 분산하기 쉬워진다.

2.5.1 대기중의 미생물의 분산

대류권의 권계면이 높이 10 km의 상고에도 미생물이 부유(浮游)하고 있는 것은 잘 알려져 있으나, 일반적으로는 지표에 가까울수록 분포 농도가 높다. 예로서 균류의 포자는 하계의 농장 대기 중, 수 만 개체/m^3 정도이나 해상 중에는 수 개체/m^3으로 현저하게 적다. 세균은 건물이나 동물의 주변에 비교적 많고 대도시에는 수 천 개체/m^3 정도이다.

대기 중의 미생물의 수직분포는 기후에 지배된다. 지표 가까이는 난류나 와류, 지표 상공의 대류 등의 관계에 따라, 그 분포는 현저한 차이를 가진다. 바람의 강약에 따라 수평방향의 분포로 변화한다. 비가 내렸을 경우에는 빗방울에 의한 진동으로 균류의 포자 이동이 생겨, 대기 중에 일시적으로 증가하나 반대로 감소되는 경우도 있다. 하루의 시간변화, 계절변화, 식물의 지리적 조건 등 환경에 영향을 받는다. 포자 중에는 특정한 시간에 방출되는 경우도 있다. 예로서, 아침에는 습도의 급변이 생겨 난균류(卵菌類, phytophthora)의 포자낭은 이때 방출한다. 정오 무렵이 되면 기온이 상승하고 기류도 일어나기 쉽기 때문에 불완전균(不完全菌, *Cladosporium*) 등

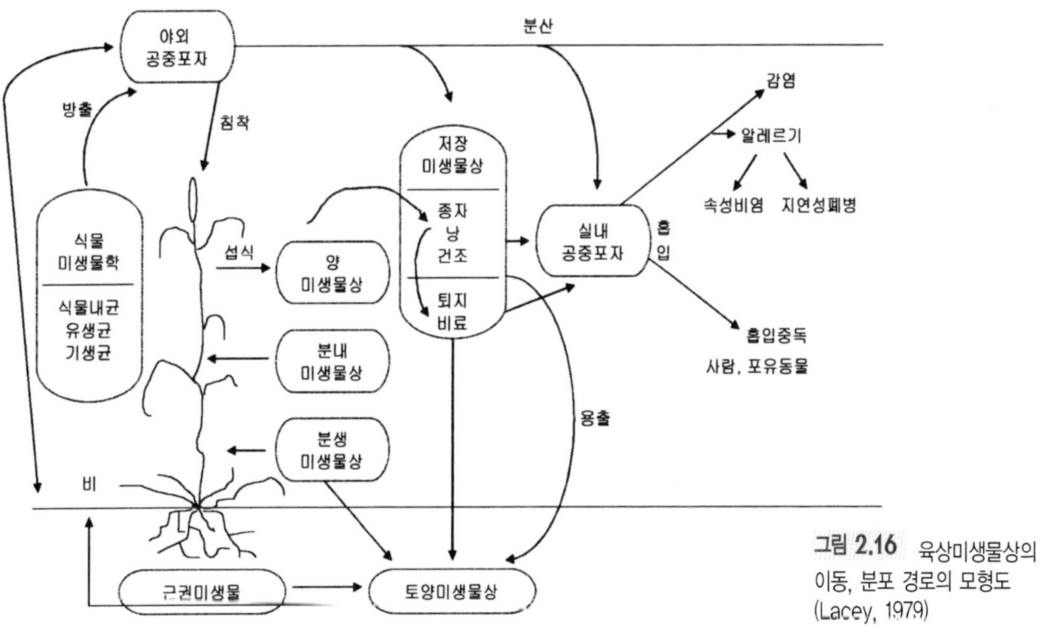

그림 2.16 육상미생물상의 이동, 분포 경로의 모형도 (Lacey, 1979)

이 쉽게 포자로 비산한다. 포자 형성이 광에 의존하는 핵균류 erysiphe의 포자도 성숙하여 방출된다. 하루 중 2회 포자 방출의 극대값을 가지는 경우나 저녁 무렵 방출되는 경우가 있다. 포자 방출에는 수분이 필요하므로 이것과도 관계가 있다고 한다. 대기 중의 균류포자는 계절에 완전한 변화를 준다. 한냉한 동계에는 적고, 하계가 되면 증가한다. 하계에 가장 많이 방출되는 것은 *Cladosporium*나 담자균 효모 *Sporobolomyces*의 포자이다. 이와 같이 계절 변화를 나타내는 균류로서는 식물 병원균이 잘 연구되어 있으나 그 변화는 숙주인 식물생리적 상태와 깊은 관계가 있다.

2.5.2 공중 미생물과 동 · 식물병의 역학

대기 중의 미생물은 수직 · 수평적 방향으로 분포하고 있으나 장소에 따라 미생물의 분포는 다르다. 농업상 식물 병원균의 감염, 또는 퇴비나 비료 미생물의 자연 접종 등으로 발생하고 의학상으로는 포유동물의 병원균의 감염, 알레르기 발생 등이 생긴다. *그림 2.16*에서는 육상미생물상의 대기 중에서 이동, 분산에 주목하여 지상생물(動植物)과 미생물과의 복잡한 관계를 나타낸 것이다. 여기에는 동물의 배설물이나 저장물질(종자, 건초, 퇴비 등) 중 미생물의 위치를 표시한 것이다. 대기 중에서 미생물 분산의 생태적 의의를 어느 정도 이해하는데 도움이 될 것이다.

식물병의 경우는 주로 균류포자의 비산이다. 식물의 잎이나 줄기에 기생하는 균류의 포자가 바람이나 빗방울에 의하여 비산한다. 농업에서는 인위적으로 포자를 분산시킨다. 곡류의 수확기에는 농업 기기에 의한 수확 시, 대량의 포자를 분산시킨다. 수확, 처리 시에 대개 10^7~10^8 개체/m^3의 포자가 부유하기도 한다.

연습문제

1. 수계환경을 구분하여 설명하시오.
2. 하구역의 미생물 서식장소와 생태적 특징을 적으시오.
3. 부영양 환경의 세균과 빈영양 환경의 세균의 특징을 적으시오.
4. 일반미생물과 심해미생물을 구별하여 설명하여라.
5. 수계미생물의 수직 분포에 관하여 설명하여라.
6. 초호열세균이란 어떠한 환경에서 서식하는 균이며 어떤 종이 있는가?
7. 토양미생물과 해양미생물과의 차이는?
8. 수온약층과 세균분포와의 관계를 설명하여라.
9. 토양의 종류와 화학적 성상에 따른 세균종의 분포에 관하여 설명하여라.
10. 특수환경이란 무엇이며 서식하고 있는 미생물의 특징은 무엇인가?
11. 해양생물의 제한원소란 어떤 것이며 수계에는 어떠한 비로 분포되어 있는가?
12. 생태계를 크게 나누고 각 생태계의 특징을 들어라.
13. 생태계의 제한요소를 들고 제한요소의 특징이 무엇인지 설명하시오.
14. 심해미생물의 특성이란?

3

생물환경과 미생물의 생태

생물의 환경은 호기적인 환경 속에서 육상과 수계환경을 생각할 수 있다. 육상 환경에는 주로 식물과 동물(고등동물)이 포함되고, 수계에서는 육상 환경과는 다른 특수성을 가지고 있다. 육상 환경에서도 지역에 따라 극한 환경도 있으나, 특히 수계에서는 저온 환경, 빈영양, 부영양, 초고열 환경도 있다. 이러한 환경 속에서의 미생물들은 생태적 특징을 가지고 있다.

3.1 식물과 미생물의 상호관계

고등식물은 대기와 토양이라고 하는 현저하게 다른 환경에 서식하고 있다. 대기에 접하는 식물의 지상부분은 미생물에게는 좋은 환경은 아니다. 나무의 가지나 줄기 등에 관여하는 미생물에 관한 연구는 일부 진행된 셈이다. 특징적인 점은 수 종의 조류(藻類)나 지의류(地衣類)가 서식하고 있다는 것이다. 조류에는 *Chlamydomonas*나 *Chlorella*와 같은 녹조류나 *Stichococcus, Tetrauptis, Oscillatoria*와 같은 남조류가 있다.

나뭇잎면(phylloplane)의 환경에도 일반적으로 영양이 부족하고 수분도 부족하기 때문에 공중에서 침착(沈着)한 미생물은 활발한 생명활동을 하지 못하는 것이 보통이다. 나뭇잎을 물에 충분히 씻으면 건조 중량의 6%에 상당하는 유기물이나 광물질이 얻어지지만, 잎의 성분이 물만으로 간단히 용출되지 않는다. 미생물에 따라서는 미량의 용출물이나 공중의 먼지, 화분 등이 영양원이 된다. 온대지방의 풀이나 나뭇잎의 미생물 현존량은 세균의 경우 10^3~10^4/cm^2 정도이고, 菌類포자도 비슷하며 실제로 나뭇잎에서 성장 가능한 것은 적당한 수분이 있고 계절적으로 따뜻한 경우에 한한다.

나뭇잎면에서 발견된 세균은 주로 황색 착색균(着色菌, chromogen)이 많고 *Erwinia herbicola, Xanthomones campestris, Flavobacterium* 등이 잘 발견된다. 또 *Pseudomonas fluorescens*나 유산균 등도 발견된다. 효모로서는 *Sporobolomyces*가 보통 많이 발견되고, 부패균이나 병원균도 존재하며, 불완전균인 *Cladosporium, Alternaria, Verticillum, Acremonium, Epicoccum, Fusarium* 등이 발견된다. 식물에서 새잎이 나서 성장하는 과정에 미생물상이 변하는 것으로 알려져 있는데 처음 발견되는 것이 세균이고, 다음은 *Sporobolomyces*와 같은 담자균, 효모, 사상균 등이고, 나뭇잎이 노쇠(老衰)되면 잎의 내용물질이 용출되기 쉽게 되어 사상균 생존량이 최대로 된다. 나뭇잎 표면 미생물은 이상과 같이 활발한 서식생활을 할뿐만 아니라, 부패균과 병원균 간의 경쟁은 농업에서도 중요한 의미를 가지고 있다. 만약 병원균이 부패균보다 우위로 되면 식물병이 발생하게 된다.

근권미생물(根圈微生物)은 식물 뿌리의 종류에 따라 유기물 함량도 다르고 분비량도 다르다. 식물뿌리 주변에 존재하는 미생물의 활성은 여러 가지 조건에 영향을 받음과 동시에 식물에 대해서도 영향을 준다. 즉, 식물 뿌리와 미생물들은 상호영향을 받는 토양의 범위인 근권(根圈, rhizosphere)을 경계로 하여 뿌리조직 내부와 외부로 구별하는데 이것을 내부근권(內部根圈, endorhizosphere), 외부근권(外部根圈, ectorhizosphere)이라 부른다. *그림 3.1*은 미생물이 서식하는 뿌리 주변을 나타낸 것으로 미생물이 서식하는 내부근권은 외피(外皮, epidermis)와 피층(皮層, cortex)이다. 분비되어 미생물의 영양분이 된다. 즉,

① 뿌리의 세포에서 새어 나오는 저분자 침출물(exudate)
② 뿌리의 대사에 의하여 능동적으로 분비되는 수 종의 분자량의 분비물 (secreate)
③ 근관(根冠, root cap) 세포에서 나오는 점액(粘液, mucilage)
④ 외피나 뿌리세포, 탈락세포 등에서 분비되는 점질성 gel
⑤ 뿌리세포 자체의 용해로 인한 용해액(溶解液, lysate)
⑥ 근관에서 탈락세포(sloughed cell)의 용해액 등이다.

그 중 점액이나 점질성 gel은 뿌리 표면의 미생물 세포에 의하여 생산되는 것과 뿌리에서 생산되는 것으로 구분되는데, 이것은 화학적으로 구분이 가능하다.

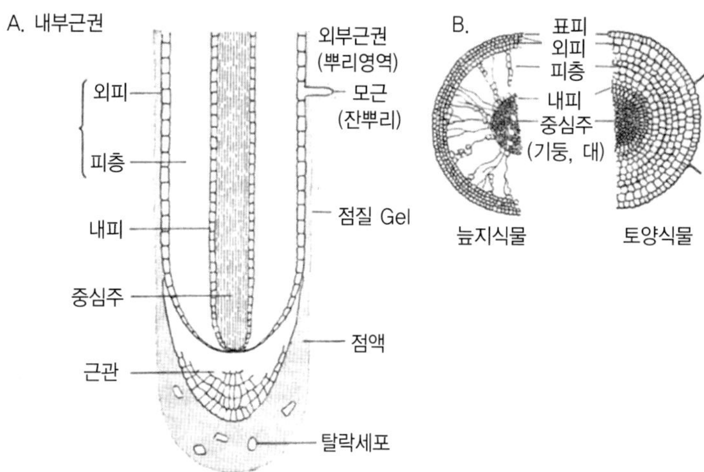

그림 3.1 식물 뿌리의 조직 구조의 모형(Lynch, 1982)

식물의 뿌리에서 분비되는 유기물에는 당(糖)으로서 glucose, raffinose, rhamnose, xylose 등이 있고, 아미노산은 Asp, Glu, Gly, Leu, Lys 등이 있고, 비타민은 biotine 등이 있으며, 유기물은 구연산, 초산, 사과산, 수산, 주석산 등이 있다. 핵산물질은 아데닌, 구아닌 등이 있고, 효소로서는 아밀라제, 프로테아제, 포스파타제 등이 있으며, 그 외 휘발성물질, 기타 물질이 생성된다. 따라서 미생물이 직접 이용하기도 하고 분해하여 대사산물을 생산할 뿐 아니라 무기화한다. 대사산물 중에는 식물호르몬이 있는데, 예로서 인돌초산, 사이토카이닌 등이 알려져 있다. 이러한 근권토양환경에는 수 종의 미생물 즉, 세균, 사상균, 효모, 원생동물 등이 자유생활, 공생 또는 기생형태로 존재하고 있다. 존재형태는 확실하게 구별되지 않는 것이 많으며, 특정한 식물 뿌리에서는 비교적 안정한 미생물상을 유지하고 있으나, 토양환경의 변환 식물의 생리적 변화에 대응하면서 미생물상이 다소 변화를 가진다. 근권토양의 미생물의 분포량은 10^3~10^9 cell/g으로 세균, 방선균, 균류, 원생동물, 조류 등이 있다. 미생물의 밀도가 높은 근면에는 표면적의 4~10%가 미생물에 의하여 덮혀져 있다. 식물의 뿌리와 미생물은 공존하는 한, 영양분에 관하여 상호 깊은 관계를 가지고 있다. 근권에서 식물과 미생물과의 상호관계의 모형은 다음과 같다(*그림 3.2*).

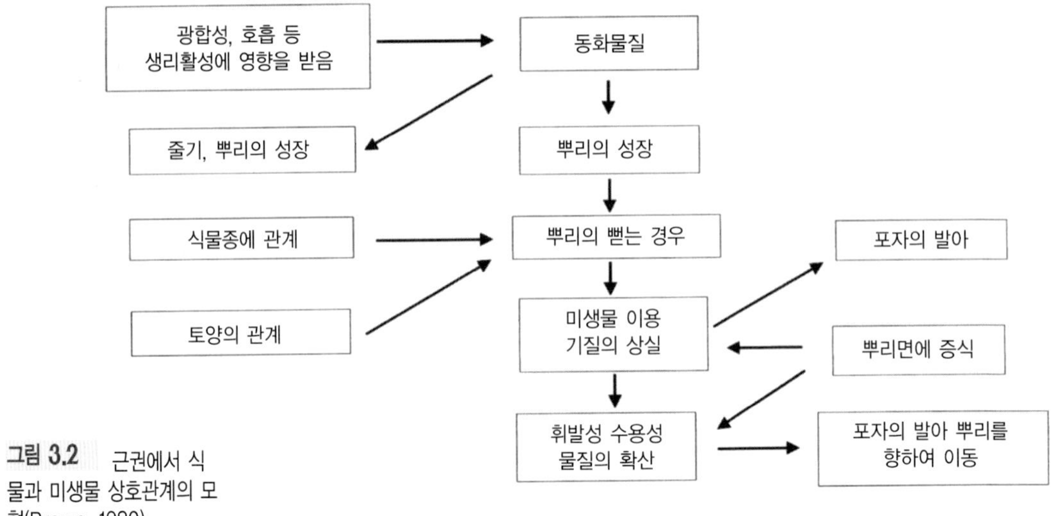

그림 3.2 근권에서 식물과 미생물 상호관계의 모형(Brown, 1980)

3.2 기생성과 부패성의 상호관계

미생물이 식물체에 기생하며 병원성을 발휘하기 위해서는 양자 간에 다음과 같은 모든 조건이 만족되어야 한다.

① 기생자(parasite)인 병원균은 숙주식물에 대하여 다소 숙주특이성(host specificity)을 가지고 있기 때문에 기생자는 먼저 상대 식물이 자신에 적합한 숙주인가를 인식해야 한다.
② 기생자는 숙주 조직 내에 침입(invation 또는 침략, aggression)한 후
③ 숙주식물이 발휘하는 저항성에 이겨 정착(定着, settlement 또는 colonization)해야 한다. 최후에는 위와 같은 결과로서,
④ 숙주식물은 특정의 병징(病徵, symptom)을 발현하게 된다.

이와 같이 병원성 발휘과정에서 기생자가 발휘(發揮)하는 병원성과 숙주가 발휘하는 저항성 사이에 치열한 경쟁 관계가 전개 된다.

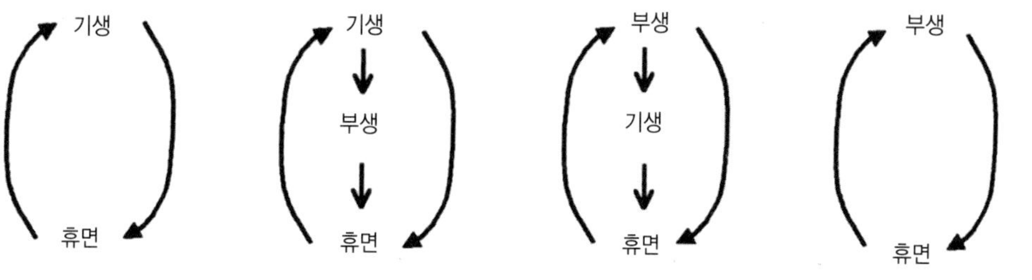

그림 3.3 식물병원균 및 부생균(腐生菌)의 생활(4개형)

① 절대기생형: *Puccinia graminis, Erysipe graminis*
② 分化寄生型: *Sclerotium rolfsii, Ophiobolus graminis*
③ 未分化寄生型: *Rhizoctonia solani, Pythium* spp.
④ 絕對腐生型: *Cladosporium herbarum, Collybia maculata, Trichoderma viride*

절대기생형은 살아있는 식물에 서식하고, 죽은 식물체에는 절대부패균(obligate saprophyte)이 서식하고 있다. 중간형은 본래 기생생활로서 숙주 식물이 고사한 후, 부생생화로 시작하여 휴면에 들어가므로 분화기생균이라 부른다. 또한 숙주의 저항력 저하 등의 제한된 조건에서 일시 기생생활을 하는 것을 미분화기생이라 한다(*그림 3.3*).

3.3 동물과 미생물의 상호관계

인간의 체표면인 피부와 소화기, 호흡기, 비뇨생식기 등 외계와 직접 통하는 부분에는 미생물이 존재한다. 이러한 미생물은 각각의 부위에 따라 안정한 미생물상을 나타내고 있다.

○ 피부: *Corynebacterium, Micrococcus, Streptococcus*(비용혈성), *Staphylococcus, Mycobacterium*, 효모, 사상균

○ 구강, 비공, 인두: *Micrococcus, Streptococcus viridans, Streptococcus pneumoniae, Neisseria, Veillonella, Lactobacillus, Corynebacterium, Bacteroides, Spirillum, Treponema denticola, Actinomyces israelii, Candida albicans*(효모)

○ 장내: 세균은 70~80 종 정도로 많을 경우에는 100종이 넘는다. 이 세균종은 여러 가지 기준으로 분류되지만 물질 대사면에서 분류하면 다음과 같다.

① 부패성균(단백질을 분해하는 균): 혐기성 연쇄상균 *Peptococcus, Peptostreptococcus, Ruminococcus*

② 장구균: *Streptococcus faecalis, S. faecium*

③ *Enterbacteriaceae: Escherichia, Salmonella, Shigella, Klebsiella, Proteus, Yersinia*

④ 기타: *Vibrio, Pseudomonas, Staphylococcus, Bacillus, Veillonella, Megasphaera, Clostridium*

○ 유산을 형성하는 균: *Eubacterium, Bifidobacterium, Lactobacillus*
기타: *Propionibacterium, Streptococcus lactis, Leuconostoc, Pediococuss*

○ 낙산, 초산 등을 형성하는 균: *Coprococcus, Ruminococcus*
기타: *Eubacterium* 일부, *Clostridium butyricum, Butyrivibrio, Succiniccus*

특히, 사람이나 가축의 장내세균은 다양하고 종도 많다. 특히 장내에서 병원성을 가진 균이 문제가 되고 있다. 동물의 감염증에 대해서 병원성(pathogenicity)이란 말은 병원균의 종에 따라서 다르게 사용된다. *Salmonella typhi*나 *Streptococcus pneumoniae*는 일반적으로 병원성을 가진 것으로 생각되지만, 실제로는 이 균종에는 毒力을 가진 균주와 안 가진 균주가 있다. 따라서 독력은 병원균의 균주에 대하여 사용된다. 여기에서 독력은 식물병원균의 경우와 같이 침입력(侵入力, invasiveness)과 毒性(toxigenicity)의 두 가지 면에서 생각할 수 있다. 병원균의 발견은 역사적으로 생각해 보면 Koch(1981)의 제안으로 방법론이 있다. 즉,

① 어느 동일한 감염증에 관하여 특정 동물의 전부에 대하여 병소 또는 장해를 일으키는 부위에 동일종의 미생물이 검출되어야 한다.

② 이 미생물은 숙주 동물 외에 분리배양 가능해야한다.

③ 감염 숙주에서 분리 배양한 미생물을 동일종의 건강한 동물에 접종할 경우, 원증상과 동일한 증상의 병이 생겨야 한다.

Koch의 제안은 당시 가축 탄저병(炭疽病, anthrax)의 병원균(*Bacillus anthracis*)의 연구를 통해 완성된 방법으로 현재에도 Koch의 세 가지 원칙으로 정의되므로, 이는 병원미생물학상 중요한 의미를 가진다고 할 수 있다. 그러나 그 후 연구에는 사람의 경우 이론상 관점으로만 실시하고 동물실험의 결과에 의존한다. *Mycobacterium leprae*와 같이 병소 중에는 존재 확인되지만 분리배양이 되지 않는 경우도 있다. Virus성 감염도 병소 중에 확인이 되지만 분리배양이 되지 않고 면역반응에 따라 확인하는 경우도 있다. 이와 같이 Koch의 원칙은 보통 세균성 감염증을 중심으로 가능한 원칙이다.

3.4 특수 환경 중의 미생물 생태

특수 환경의 미생물은 앞장에서 언급한 것과 같이 초호열성 세균이 250~300℃이상에서 서식하는 미생물, 강산성인 환경에서 서식하는 위궤양이나 십이지궤양균, 또는 5℃ 이하의 저온이나 고염에서 서식하는 저온성과 호염성균 등을 생각할 수 있다. 또한 혐기적인 조건이나 호기적 조건 또는 혐기적 조건에도 서식하는 균등 특수한 조건하에서만 서식한다. 특히 수계에서는 빈영양, 저온, 고압력, 초고열이나 고염분의 농도 등의 환경이 존재하며, 남극이나 북극 빙하지역 등 이러한 환경 속에서도 많은 세균이 서식하고 있다.

연습문제

1. 근계와 미생물과의 관계에 관하여 설명하여라
2. 기생성과 부패성의 상호관계를 간단하게 설명하여라.
3. 동물과 미생물의 상호관계에 대하여 설명하시오.
4. 특수 환경중의 미생물 생태에 대하여 설명하시오.
5. 근권 미생물의 특징을 성명하시오.

생지화학적 순환

생지화학적 순환이란 자연계에 있어서 유기물질이나 모든 물질이 분해되어 무기물질로 되고, 다시 무기물질을 이용하여 유기물질로 되는 현상이 지구상에서 순환되고 있다는 뜻이다. 지구상에서 순환되고 있는 물질 중 생물과 가장 관계가 깊은 것은 질소, 인산, 칼슘, 유황, 철분, 탄소 기타 산소 등이다. 특히 질소, 인산, 칼슘은 지상생물의 필수요소이다(해양은 질소, 인산, 규소임). 또한 지구 표면의 화학적 성분은 지화학적 조건들(parameters)에 의해 끊임없이 그 변화과정이 진행되고 있다. 그러므로 지구의 구성 원소들에 대한 대기권(atmosphere), 수권(hydrosphere), 지각(crust), 맨틀과 핵 사이의 분포 양상을 이해하는 것이 중요하다. 육상에 노출된 퇴적물들과 암석들이 풍화되어 용존물 형태나 부유물 형태로 해양에 유입되고, 이들이 해양 내에서 존재하고, 또한 이들이 해저의 퇴적물로 제거되는 일련의 과정이 대기와 증발과 강수에 의한 물질의 교환에 의함이며, 또한 해저면과의 상호작용에 의함이다. 해양에 서식하는 생물의 활동에 의해 물질순환이 생기는데 이것은 생지화학적 순환에 관여된다. 따라서 이러한 물질의 순환은 생태적으로 대단히 중요하다.

4.1 질소순환

질소는 생물에 필수적이며 미생물과 동식물 세포에서 단백질과 핵산의 성분으로 작용한다. 질소 기체는 우리가 숨 쉬는 공기 중에 가장 풍부한 기체(지구 대기의 79%)이지만, 수생환경과 농경지에서는 제한영양물질로 작용하여 후진국의 수많은 사람들에게 단백질 결핍을 초래한다. 불행히도 질소 기체는 먼저 암모니아로 전환

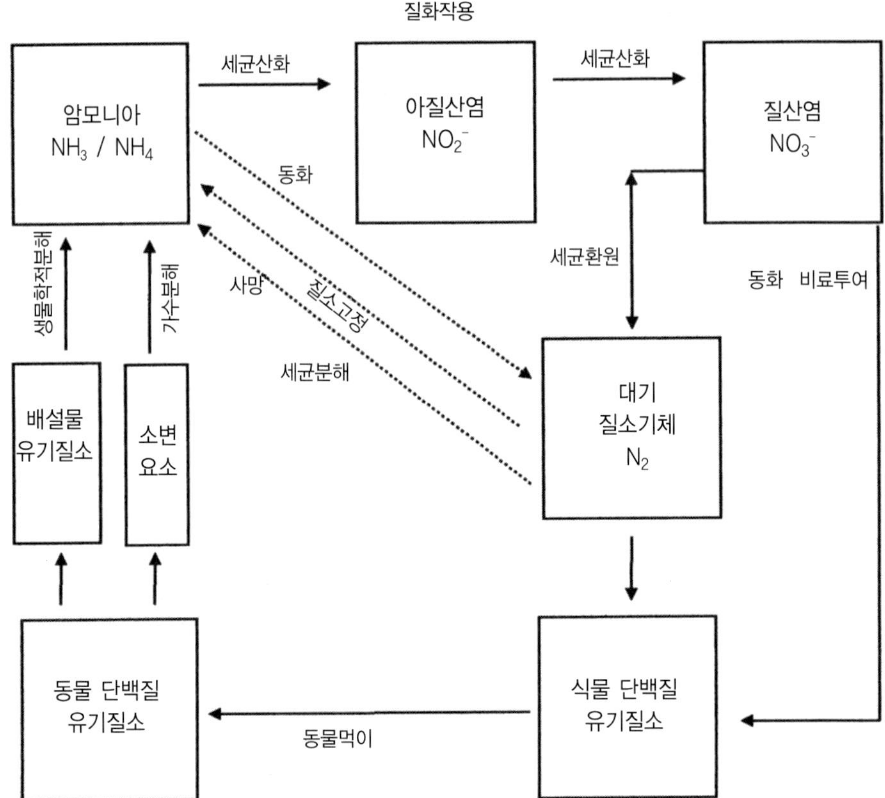

그림 4.1 질소 순환 (Barnes and Bliss, 1983)

되지 않는 한 대부분의 생물체들에 의해 이용되지 못한다. 그 이유는 질소기체가 매우 안정된 분자이기 때문에 극단적인 조건(예, 전기방전, 고온과 고압)하에서만 변화하기 때문이다(Barner and Bliss, 1983). 이러한 환경에서 미생물이 주요한 역할을 하고 있는데 그것은 *그림 4.1*과 같다. 여기에서는 질소 순환에 관련된 질소고정, 동화, 무기화, 질화, 탈질화 5가지 단계의 미생물학에 대해 설명하고자 한다.

1) 질소고정(nitrogen fixation)

질소의 화학적 환원에는 에너지와 비용이 매우 많이 든다. 질소의 생물학적 환원에 대해서는 불과 소수의 세균과 남조류(Blue green algae)라고도 부르는 사이아노박테리아(cyanobacteria)만이 질소고정을 수행하여 암모니아를 생성하게 된다. 전지구적 생물학적 질소고정은 대략 연간 2×10^8 ton이 된다. 질소고정은 대단히 중요하다. 질소를 고정시키는 미생물은 *표 4.1*과 같다.

질소고정을 시키는 미생물은 *표 4.1*과 같이 독립생활과 공생관계를 가진다. 즉 비공생적 질소고정 미생물과 공생적 질소고정 미생물로 나눌 수 있다. 질소고정은 nitrogenase 란 효소로 FeS 단백질(iron-sukfide protein)과 MoFe 단백질(molybdo-iron protein)로 구성되어 있고 산소에 민감하다. 이 효소는 질소기체 같은 삼중결합 분자들을 환원시키는 능력을 가지고 있으며 Mg^{2+}과 APT 형태의 에너지(15~20 APT/N_2)를 요구한다. 이 효소의 생합성은 nif 유전자에 의해 조절된다. 미생물들은 산소에 민감한 질소고정 효소의 불활성화를 피하는 방법을 개발하였는데, 예를 들면 *Azotobater*는 많은 양의 다당류를 생성하여 산소의 확산을 감소시켜 효소의 불활성화를 방지한다.

표 4.1 질소고정 미생물

종 류	미 생 물
A. 독립생활 질소고정 미생물	
호기성	*Azotobacter*
	Beijerinckia
미호기성	*Azospirillum*
	Corynebacterium
통성혐기성	*Klebsiella*
	Erwinia
혐기성	*Clostridium*
	Desulfovibrio
B. 공생관계	B. 공생관계
미생물- 고등식물	콩과식물 - *Rhizobium*
사이아노박테리아 - 수서식물	무뭄둠 - *Azolla*
기타	흰개미+장내세균(*Enterbacteria*)

2) 질소동화(nitrogen assimilation)

종속영양과 독립영양 미생물들은 NH_4^+와 NO_3^-를 흡수하여 동화한다. 동화는 폐수처리장에서 일부 질소 제거에도 관여한다. 식물과 조류세포는 NH_4^+형태의 질소 섭취를 선호하며, 토양에서는 NO_3^-형태보다 NH_4^+에 기초한 비료가 선호된다(N - Serve가 토양에서 질화작용을 제거하는데 이용된다). 세포는 NH_4^+ 또는 NO_3^-를 단백질로 전환시키고 제한될 때까지 성장한다. 탄소가 100만큼 동화될 때 세포는 약 10의 질소를 요구한다. (C/N ratio = 10)

3) 질소 무기화(암모니아화)

암모니아화(ammonification)는 유기질소 화합물의 무기질소 형태로의 전환이다. 이 과정은 세균, 방선균, 진균류 등의 매우 다양한 미생물들에 의해 수행된다. 토양에서 일부 유기 질소 화합물들은 생분해에 저항성을 갖는데 그 이유는 그것들이 페놀 화합물 또는 폴리페놀 화합물들과 결합하기 때문이다. 단백질들은 다음과 같은 순서에 따라 암모니아로 무기화된다.; 단백질 ⇒ 아미노산 ⇒ 탈 아미노기 반응에 의하여 암모니아화. 또 다른 예로는 요소(urea)가 암모니아로 전환되는 것을 들 수 있다.

$$O{=}C\begin{matrix} \diagup NH_2 \\ \diagdown NH_2 \end{matrix} + H_2O \xrightarrow[\text{Urease}]{\text{효소}} NH_3 + CO_2 \quad \cdots\cdots (1)$$

단백질은 세포의 단백질 분해효소들에 의해 아미노산 또는 펩타이드로 전환된다. (2), (3) 반응에 나오는 아미노산의 산화적 또는 환원적 탈아미노기 반응에 의해 형성된다.

⊙ 산화적 탈 아미노기 반응:

$$R{-}\underset{\displaystyle NH_2}{\underset{|}{CH}}{-}COOH + \tfrac{1}{2}H_2O \longrightarrow R{-}\underset{\displaystyle O}{\underset{\|}{C}}{-}COOH + NH_4 \quad \cdots\cdots (2)$$

⊙ 환원적 탈 아미노기 반응:

$$R-\underset{\underset{NH_2}{|}}{CH}-COOH + 2H \longrightarrow R-CH_2-COOH + NH_4 \quad (3)$$

산성과 중성의 수생 환경에서는 주로 NH_4^+ 형태로 존재하며, pH가 증가하면 NH_3가 우세하게 되어 대기 중으로 방출된다.

$$NH_4 \longrightarrow NH_3 + H^+$$

4) 질화작용(nitrification)

질화작용은 암모니아가 미생물에 의해 질산염으로 전환되는 과정으로 2가지 종류의 미생물에 의해 수행된다.

(1) NH_4^+가 NO_2^-로 전환: *Nitrosomonas*(예; *N. europaea, N. oligocarbogenes*)가 암모니아를 hydroxylamine(NH_2OH)로 전환한다. 산화세균으로는 *Nitrosospira, Nitrosococcus, Nitrosolobus*가 있다.

$$2NH_4^+ + O_2 \longrightarrow 2NH_2OH + 2H^+$$

$$NH_4^+ + 1.5O_2 \longrightarrow NO_2^- + 2H^+ + H_2O + 275KJ$$

(2) NO_2^-가 NO_3^-로의 전환: *Nitrobacter*(예; *N. agilis, N. winogradsky*)가 아질산염을 질산염으로 전환시킨다. 다른 아질산염 산화세균으로는 *Nitrospira*와 *Nitrococcus*가 있다(Focht and Verstaete, 1977).

$$NO_2^- + 1.5O_2 \longrightarrow NO_3^- + 75KJ$$

NH_4^+의 NO_2^-와 NO_3^-로의 산화는 에너지 생성반응이다. 미생물들은 발생되는 에너지를 이용하여 이산화탄소를 동화하며, 질화세균들의 탄소요구는 이산화탄소, 중탄산 또는 탄산에 의해 충족된다. 질화작용은 호기성 조건에서 잘 일어나며, 산화과정 시 생성되는 수소이온을 중화시키기 위해 충분한 alkali도를 선호하게 된다. 이론적으로 산소요구는 1 mg 암모니아성 질소가 질산염으로 산화되는데 4.6

mg의 O_2가 필요하다. 비록 질화세균들이 절대 호기성이지만 호기성 종속영양 세균보다는 산소에 대한 친화력이 떨어진다.

*Nitrobacter*의 생장 최적 pH는 7.2~7.8이며, 질화작용의 결과로 나오는 산생성은 완충작용이 약한 폐수에서 문제를 일으킬 수도 있다. 비록 독립영양 질화세균이 자연환경에 우점 하더라도 질화작용이 *Arthrobacter* 같은 종속영양 세균과 *Asppergillus* 같은 균류에 의해 일어날 수도 있다. 그러나 종속영양 질화작용은 독립영양 질화작용보다 훨씬 느리며 따라서 환경에 크게 기여하지 못한다. 질화작용의 조절 인자로서는 암모니아와 아질산염의 농도, 산소 수준, 온도, pH, BOD_5/TKN의 비, 독성 물질의 저해 등을 들 수 있다.

5) 탈질화 작용(denitrification)

질화작용은 물에서 용존산소를 소모하게 된다. 따라서 폐수가 유입되는 물, 특히 그 물이 식수원으로 이용될 경우에는 폐수를 방류하기 전에 질산염이 반드시 제거되어야 한다.

(1) 동화적 질산염 환원(assimilation nitrate reduction)

식물과 미생물들은 이 기작에 의해 질산염을 흡수하여 아질산염을 거쳐 암모니아로 전환한다. 질산염에서 암모니아로 전환하는 데는 여러 효소가 관여하며, 암모니아는 단백질과 핵산의 구성요소가 된다. 질산염 환원은 넓은 범위의 동화적 질산염 효소에 의해 수행되는데 그 활성은 산소에 의해 영향을 받지 않는다.

(2) 이화적 질산염 환원(dissimilatory nitrate reduction, 탈질화 작용)

이 과정은 질산염이 전자 수용체로 작용하는 혐기성 호흡이다. 질산염은 nitrous oxide(N_2O)를 거쳐 질소 기체로 환원되는데 질소 기체 방출은 탈질화 작용의 주 된 결과이다. 그러나 질소 기체는 낮은 용해도를 가지므로 물에서 기포로 솟아올라 대기로 빠져나가며 이 기포는 침전조에서 sludge의 침강을 방해한다. 탈질작용에 관여하는 미생물들은 호기성 독립영양 또는 종속영양 미생물로서 질산염이 전자 수용체로 이용될 때 혐기성 생장으로 전환된다. 탈질화작용은 다음 순서에 따라 진행된다.

$$NO_3 \xrightarrow[\text{환원효소}]{\text{질산염}} NO_2 \xrightarrow[\text{환원효소}]{\text{아질산염}} NO \xrightarrow[\text{환원효소}]{\text{Nitrcoxide}} N_2O \xrightarrow[\text{환원효소}]{\text{Nitraus oxide}} N_2$$

탈질화 작용의 조건은 질산염의 농도, 무산소 조건, 유기물 존재, pH, 온도, 금속의 영향, 독성화합물 등에 기인된다.

4.2 인의 순환

인은 모든 세포가 필요로 하는 영양물질로 ATP, DNA, RNA, 세포막의 인지질의 중요한 성분이다. 인은 원핵생물과 진핵생물 모두에게 다중 인산염(polyphasphate) 형태로 세포 내의 불루틴 입자에 저장될 수 있다. 인은 호수에서 조류 생장의 제한요인으로 작용하며 폐수에서 총 인의 평균 농도는 10~20 mg/l 범위이다.

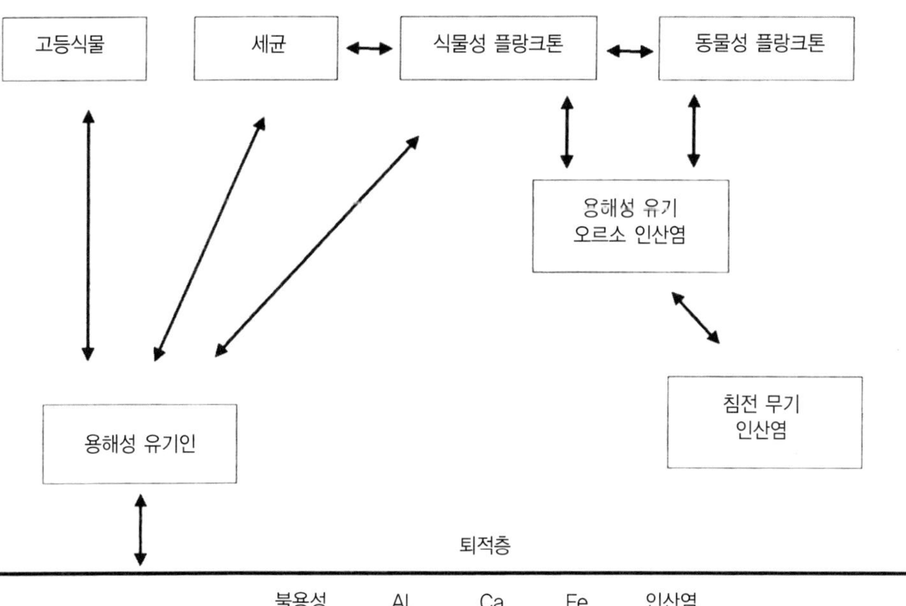

그림 4.2 수생 환경에서 인 전환

유기인 화합물들(예; phytin, inositolphosphate, 핵산, 인지질)은 세균(예; *B. subtilis, Arthrobacter*), 방선균(예; *Streptomyces*)과 균류(예; *Aspergillus, Penicillium*)를 포함하는 다양한 미생물들에 의해서 orthophosphate로 무기화된다(*그림 4.2*). 분해효소는 phosphatase이다. 또한 미생물들은 인을 동화해서 세포내의 여러 고분자물질을 만든다. Orthophosphate의 용해도는 수생환경의 pH와 Ca^{2+}, Mg^{2+}, Fe^{3+}, Al^{3+}의 존재에 의해서 침전이 일어난다. Hydroxyapatito[$Ca_{10}(PO_4)_6(OH)_2$], vivianite [$Fe_3(PO_4)_2$, $8H_2O$], 또는 variscrite[$AlPO_4 \cdot 2H_2O$] 등 불용성 화합물이 생성된다.

4.3 황 순환

황은 환경에 비교적 풍부하며 해수에는 황산염(sulfate)의 가장 큰 저장소가 된다. 황 함유 광물[예; pyrite(FeS_2), chalcopyrite($CuFeS_2$)], 화석 연료와 유기물 같은 것이 다

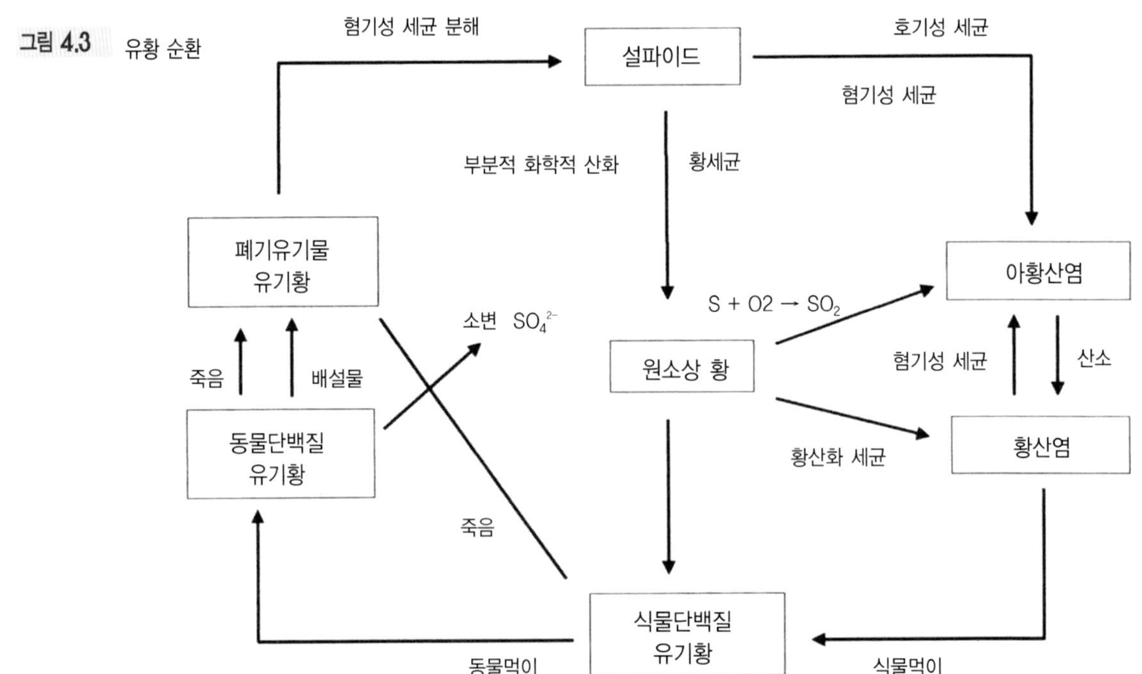

그림 4.3 유황 순환

른 황 함유원이 된다. 황은 미생물에 필수요소이며 아미노산(cystine, cysteine, methionine), 조효소(thiamine, biotin, coenzyme A), 페리독신(ferredoxin)과 효소들(-SH기)의 성분으로 작용한다. 폐수 내 황 이온은 배설물에서 발견되는 유기황과 자연수에서 가장 많은 음이온인 황산염이다(*그림 4.3*).

1) 유기황의 무기화

여러 종류의 미생물들이 호기성, 혐기성 대사경로를 통해 유기 황화합물들을 무기화 시킨다. 호기성 조건하에 sulfatase 효소들이 sulfate esters를 황산염으로 분해한다.

$$R{-}O{-}SO_3 + H_2O \xrightarrow{\text{sulfatase}} ROH + H^+ + SO_4^{2-}$$

혐기성 조건하에서 황 함유 아미노산들이 무기 황화합물 또는 mercaptans으로 분해되는데 이것들은 악취가 나는 황화합물이다.

2) 동화

미생물들은 환원된 유황뿐만 아니라 산화된 유황물들도 동화한다. 혐기성 미생물들은 황화수소 같은 환원된 형태를 동화하는데 호기성 미생물들은 보다 산화된 형태를 이용한다. 탄소 대 황의 비는 약 100 : 1 이다.

3) 산화반응

(1) 유화수소반응: 유회수소는 호기성, 혐기성 조건에서 원소상 유황(elemental sulfur)으로 산화된다.

$$S^{2-} + \tfrac{1}{2}O_2 + H^+ \longrightarrow S^0 + H_2O$$

혐기성 조건하에서 산화는 광합성 세균 같은 독립영양체(photoautotrophs)와 화학적 독립영양체(chemoautotroph)인 *Thiobacillus denitrificans*에 의해 일어난다. 광합성 세균은 전자공여체로 유화수소를 사용하여 이를 S^0로 산화시켜 자색 황세균(purple sulfur bacteria, *chromotiaceae*)의 세포 내 또는 녹색 황세균 (green sulfur bacteria, chromotiaceae)의 세포밖에 축적한다. 필라멘트형 유황세균(예; *Beggiatoa, Thiothrix*)도 유화수소를 산화시켜 유황입자가 축적된다.

(2) 원소상 황의 산화: 이 반응은 주로 호기성, Gram 음성의 비포자 형성 *Thiobacillus* (예; *Thiobacillus thiooxidans*)에 의해 수행되는데 이들은 매우 낮은 pH에서 자란다.

$$2S + 3O_2 + 2H_2O \longrightarrow 2H_2SO_4$$

$$\underset{\text{치오황산염}}{Na_2S_2O_3} + 3O_2 + H_2O \longrightarrow NaSO_4 + H_2SO_4$$

또 다른 황 산화균으로 *Sulfoluboe*가 있는데, 이것은 산성 열천(pH = 2~3, 온도 = 55~ 85℃)에서 발견되는 고온성 호산성 세균이다.

(3) 종속영양체에 의한 황산화: *Arthrobactor, Micrococcus, Bacillus, Pseudomonas* 같은 종속영양 세균들도 중성과 alkali성 토양에서 황 산화에 관여한다.

4) 황산염 환원

동화적, 이화적 황산염 환원에 의해 sulfide가 생성된다.

(1) 동화적 황산염 환원(assimilatory sulfate reduction)

Methionine, cysteine과 cystine 같은 황 함유 아미노산을 가지고 있는 유기물을 *Clostridium*이나 *Vellioella* 같은 단백질 분해 세균이 혐기성 분해를 할 때 유화수소가 발생한다.

(2) 이화적 황산염 환원(disassimilatory sulfate reduction)

황산염 환원은 폐수에서 가장 중요한 황화수소원이다. 이 과정은 절대 혐기성 세균인 황산염 환원세균(sulfate reducing bacteria)에 의한 황산염의 환원이다.

$$SO_4 + \text{유기화합물} \longrightarrow S^{2-} + H_2O + CO_2$$

$$S_2^- + 2H^+ \longrightarrow H_2S$$

유화수소는 동식물에 독성을 나타내며 논에서 문제를 일으킬 수 있으며, 폐수처리장 운영자들에게 영향을 줄 수 있다.

4.4 탄소의 순환

탄소의 순환은 *그림 4.4*와 같다. 즉 태양의 에너지가 녹색식물에 의해 광합성에 따라 각종 유기물질이 합성되고, 그 식물이 고사하면 토양생물에 의해 분해되어 토양성분으로 환원된다. 그리고 얼마의 유기질은 산화 환원되어 이산화탄소로 되는 한편, 다른 유기질의 일부는 토양미생물의 작용에도 분해되지 않고 토양 중에 축적되어 부식 물질로 된다.

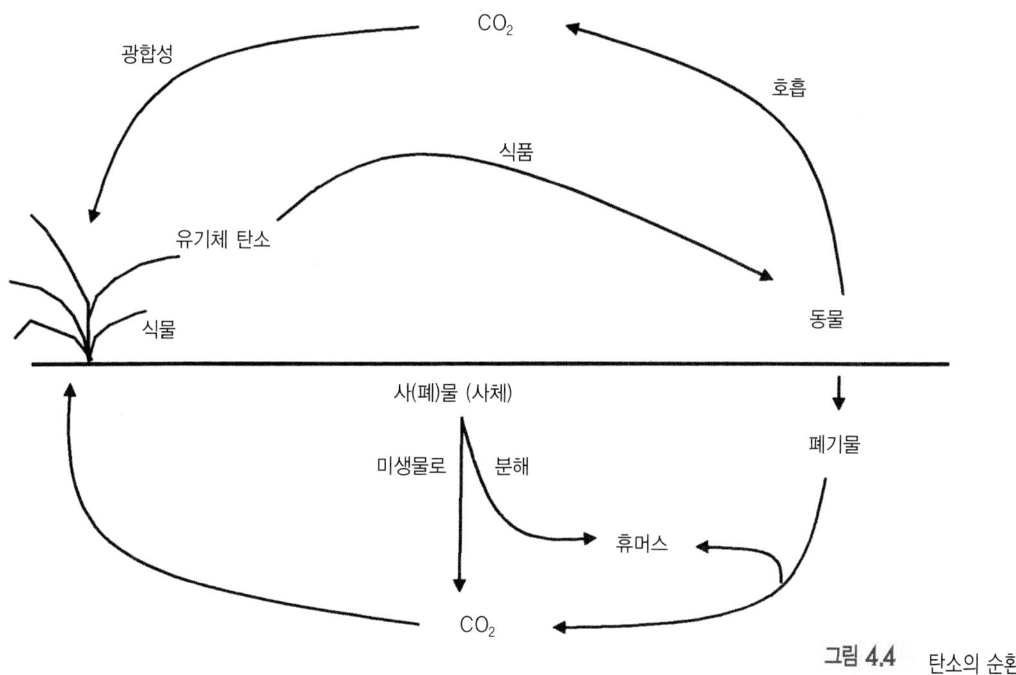

그림 4.4 탄소의 순환

연습문제

1. 공생적 질소고정을 하는 미생물의 예를 들어라.
2. 독립적 질소고정을 하는 미생물의 예를 들어라.
3. 질화작용의 두 단계를 비교하고, 질화작용이 환경에 미치는 영향을 설명하라.
4. 질화작용의 조절인자에는 어떤 것이 있는가?
5. 탈질작용을 설명하고 그 발생조건을 설명하라.
6. 인의 순환에 관하여 설명하여라.
7. 황의 순환에 관하여 설명하여라.
8. 황산염 환원세균은 황산염을 무엇으로 이용하는가?
9. 탄소순환에 관하여 설명하여라.
10. 황산염 환원세균과 메탄 생성 세균의 유사성을 비교하여라.

5

환경오염과 생태계

오늘날 경제발전과 더불어 인구 증가로 인해 생활하수, 공장 폐수가 늘어나 육상 및 수계 환경오염이 심각한 실정이다. 또한 공장에서 내뿜는 매연가스, 자동차 등의 배출가스 등이 대기오염의 원인이 되고 있다. 이로 인하여 지구온난화, 엘리뇨 현상 등 이상기온이 발생하고, 생물 생태계에도 오염으로 인한 환경영향으로 환경 호르몬 생성 등 생태계에 심각한 영향을 주고 있다. 본 장에서는 대기오염과 생태계, 수질오염과 생태계, 폐기물과 생태계, 토양오염과 생태계, 환경호르몬과 미생물과의 관계 등을 약술한다.

5.1 대기오염과 생태계

대기 중에는 99%를 차지하고 있는 질소와 산소 이외에도 여러 가지의 가스가 액상, 고체상의 물질에 흡입된다. 이들 화합물질 중 일부는 자연계로부터 오지만 대부분은 승용차, 트럭, 발전소, 공장 매연 등의 인간의 활동으로부터 발생한다. 비록 미량이라 할지라도 대기오염물질로 알려진 이들 화합물질이 계속적으로 축적된다면 인간의 생체 조직, 식물, 동물, 건물, 금속, 그리고 기타 물질에 손상을 가져올 수 있다.

5.1.1 대기권

지구를 둘러싸고 있는 대기권(atmosphere)은 대류권(troposphere, 0~12 km), 성층권(stratosphere, 12~50 km), 중간권(mesosphere, 50~100 km) 및 열권(thermosphere,

100 km 이상) 등으로 나눌 수 있는데, 공기의 약 95%는 지표면으로부터 10 km까지의 대류권에 존재하며, 수분 및 오염물질 등을 제외한 청정공기의 78%(v/v)는 질소가, 21%는 산소가 차지하고 있으며, 나머지 1%는 소량의 아르곤 가스나 이산화탄소(0.03%) 등이 차지하고 있다. 일반적으로 공기는 수증기를 극지방에서 0.01%, 열대지방에서 5% 정도로 다양하게 함유하고 있다.

대기권의 오염물질은 깨끗한 공기가 지표면을 가로질러 이동함에 따라 자연현상이나 인간 활동에 의해 발생된 화학물질 등이 첨가되는데(1차 대기오염 물질, primary air pollutants), 한번 대류권에 진입한 공기는 수평적 혹은 수직적으로 혼합되게 되며, 이들 오염물질은 원래의 대기성분과 화학반응을 일으키거나 화학물질 간에 새로운 화학반응이 일어나기도 한다(2차 대기오염 물질, secondary air pollutants). 이러한 대기오염은 전 세계적으로 매년 수많은(약 15만 명 이상) 생명을 사망케 하며, 동물, 식물, 건물 등에 기타 영향을 끼치는 손실은 적어도 1,000억 달러에 달한다고 한다. 대기오염의 대표적인 집단은 다음과 같다.

1) 탄소산화물: CO_2, CO
2) 황산화물
3) 질소산화물
4) 휘발성 유기물질
5) 부유입자상 산화물
6) 광화학적 산화물 등이다.

대기오염물질의 근원은 번개에 의한 산불, 꽃가루, 바람에 의한 토양의 침식, 화산폭발, 나뭇잎으로부터 휘발성 유기화합물의 증발, 세균에 의한 유기물질의 분해, 자연적인 방사능의 유출을 들 수 있다. 그러나 이러한 자연적인 오염원으로부터의 방출은 전 세계에 걸쳐 분산되기 때문에 심각한 손상을 야기할 정도의 고농도에 도달하는 경우는 극히 드물다. 대기오염에 있어서 크게 문제되는 것 중에는 스모그 현상이 있다. 런던의 스모그, LA의 스모그 사건은 대기오염의 한 특징이다.

5.1.2 실내 공기오염(indoor air pollution)

사람들이 하루의 85~90%를 보내게 되는 건물 내부나 지하 갱도와 같이 밀폐된 공간에는 공기 오염물질이 고농도로 형성될 수 있다. 석탄 난로를 이용해 난방 하던 시절

보다는 많이 깨끗해졌지만 여전히 실내공기 오염은 주요 관심거리라 할 수 있다. 때에 따라서는 스모그 현상이 존재할 때 대기오염보다는 주택, 학교 및 공공건물 내부의 실내오염 정도가 훨씬 크고 위험한 경우도 많이 발생한다. 이러한 실내공기 오염물질은 장기간 폭로 시 암을 일으킬 수도 있으며 그 밖에도 현기증, 두통, 기침, 재채기, 눈의 충혈, 유행성 감기 증세 등을 야기 시킨다. 기타 대기오염으로 인해 생태계에 영향을 주는 것으로는 산업적 스모그(industrial smog), 광화학적 스모그(photochemical smog)가 있으며, 지역기후 및 지형과 스모그의 발생빈도 및 중층도(重層度, severity)는 그 지역의 기후와 지형, 인구밀도 및 산업의 크기, 그리고 산업, 난방운송 등에 사용되는 주요 연료의 종류 및 크기에 의존한다.

① 전선역전(frontal inversion)

② 침강역전(subsidence inversion)

③ 복사역전(radiation inversion)

등에 의하여 영향을 받는다. 또한, 대도시의 대기는 여러 면에서 시골의 대기와는 다르다. 수직적으로 들어 선 대형 건물 및 공장들은 불규칙한 지면을 형성하여 자연적인 공기의 흐름이나 바람을 지연시킨다.

5.1.3 산성비(acid rain, acid deposition)

1) 산성비의 생성: 산성비는 석탄, 석유 등의 화석연료의 연소로 생성된 이산화황(SO_2), 질소산화물(NO_n)이 대기 중에서 화학반응으로 황산, 질산으로 변화되어 형성된다.

2) 산성비의 영향: 황산염과 질산염은 대기 저층 2 km 이내에서 이동하며 때로는 오염원으로부터 수 백 km 까지 이동한다. 이들의 존재는 여러 공업지대에서 여름의 안개에 의하여 정량적으로 관측되고 있다. 산성비는 스위스의 산악지대, 스칸디나비아 반도의 남부지역 및 북미주의 북부지방에서도 관측되고 있다. 이러한 문제는 미국의 중서부 및 서동부 지방에서 특히 심화되고 있다.

5.1.4 대기오염이 인체에 미치는 영향

대기오염물질은 인체에 수많은 악영향을 미친다. 이러한 악영향의 형태와 중증도는 대상 화합물질의 종류 및 대기 중에서의 농도, 폭로시간 등에 따라 다르다.

1) 급성 영향(acute effect): 입자상 물질(particulate matter)은 자극성 가스를 흡수하거나 또는 흡착하여 aerosol 상태로 전환되어 폐의 깊은 곳까지 침입하여 폐에 영향을 준다.

2) 만성 영향(chronic effect): 대기오염으로 인한 만성피해는 건강하던 사람이 환경오염에서 오랫동안 생활함으로써 질병을 얻게 되는 피해이다.

5.1.5 대기오염이 동, 식물 및 재물에 미치는 영향

1) 동물에 미치는 영향: 동물도 사람과 마찬가지로 피해를 받지만 양과 소는 불소화합물에 대하여 특히 예민하다. 불소가 배출되는 지역에서는 불소가 풀에 축적되어 이러한 목초를 뜯어먹는 동물의 이(齒)가 손상되어 소화율이 떨어지고 나아가 더 이상 먹을 수 없게 된다(fluorosis). 세균은 혐기성 세균이 동물의 장내에서 공생작용을 한다.

2) 식물에 미치는 영향: 인간, 동물보다 더 민감한 것이 식물인데, 특히 농작물이나 과수에 많은 피해를 입는다. 식물에 피해를 주는 유해성분은 CO_2를 제외한 모든 것이라 할 수 있으며, 크게 분진과 가스(gas)로 나눌 수 있다.

3) 재물에 미치는 영향: 대기오염은 경제적 손실의 요인이 되고 있다. 예로서 금속의 부식(화학적, 세균학적), 건축재료의 부식, 직물의류의 손상, 색상변화, 예술품 손상, 토질 악화 등 헤아릴 수 없이 다양하다.

5.1.6 대기오염이 지구 생태계에 미치는 영향

1) 오존층 파괴

오존층(ozone layer)은 성층권(stratosphere)내 고도 25~30 km에 위치하며, 이 오존층에서의 오존 최고 농도는 약 10 ppm정도로 대류권 내의 오존농도 0.02~0.07 ppm보다 훨씬 높다. 오존층은 태양에서 발생된 자외선(紫外線, ultra-violet) 중 인간에게 가장 해로운 파장인 200~280 nm는 거의 전량 오존층의 오존에 의해 흡수되며, 비교적 덜 해로운 파장인 280~320 nm는 70~90%가 오존층의 오존에 흡수, 제거된다. 그러므로 오존층의 오존은 태양으로부터 지구에 도달하는 광선의 일부를 여과하고, 대기 및 지표면의 온도조절 기능을 하는 가스로 생물체의 생존에 결정적인 역할을 한다.

오존층의 파괴과정은 대기 상층부에 있는 많은 종류의 가스가 태양광선에 의하여 분해되고 2차적으로 생성된 물질들이 다른 가스와 급격히 반응함으로써 일어나게 된다. 오존 자체는 파장이 242 nm 이하의 태양광선이 산소분자에 흡수되어 산소분자가 두 개의 산소원자로 나눠지고, 이 원자가 즉시 다른 산소분자와 결합하여 형성된다. 산소분자와 결합하여 생성된 오존 분자는 자외선을 흡수하며 분해되고, 그 결과 한 개의 산소분자와 한 개의 산소원자로 나누어지는 반응이 일어난다. 오존층이 파괴되면, ① 인체, 동식물 및 재물에 피해를 주며, ② 기후의 변화가 발생한다.

2) 지구 온난화

어느 특정 가스가 지구 주위를 둘러싸서 그 결과 지구층의 가열된 복사열의 방출을 막고 지구가 더워지는 현상(global warming)을 온실효과(green house effect)라 한다. 마치 우산으로 지구를 덮은 것과 같은 현상으로, 온실효과의 원인이 되는 가스로는 이산화탄소(CO_2), 메탄(CH_4), 아산화질소(N_2O), 염화불화탄소(CFCs), 오존 등이 알려져 있다. 지구 온난화의 영향으로서는 ① 탄소순환의 변화, ② 생태계의 변화, ③ 해수면 상승, ④ 인간에 미치는 영향, ⑤ 농작물에 미치는 영향 등을 들 수 있다.

5.1.7 대기오염의 제어

대기오염의 제어방안은 발생 전과 발생 후를 생각할 수 있다. 제어방안으로서는 크게 두 가지로 구분된다. 첫째는 인간의 활동에 의해서 대기오염물질이 발생되는 것을 막거나 감소시키는 방안(input control)이고, 둘째는 일단 발생한 대기오염물질에 대한 처리, 처분을 통하여 대기 중으로의 방출을 억제시키는 방안(output control)이다. 이 때 환경에 유입되는 환경오염물질의 총량을 감소시키기 위한 5가지 중요한 input control로는,

① 인구증가의 억제,
② 자원의 재활용, 재사용과 내구성 및 부품교체의 용이성을 겸비한 상품의 생산 등을 통한 자원의 절약,
③ energy 사용의 절약,
④ energy의 효율적 사용,
⑤ 화석연료로부터 태양, 풍력, 수력 energy로의 전환 등을 들 수 있다.

입자상 오염물질의 제거는 ① 싸이클론(cyclone), ② 백필터(bag filter), ③ 정전기적 집진기(electrostatic precipitator), ④ 습식 분진제거 장치(wet scrubber)를 들 수 있고, 가스상 오염물질의 제거로는 ① 흡수방식(absorption), ② 흡착(adsorption), ③ 연소방식 등을 들 수 있다.

5.2 수질오염과 생태계

모든 생물, 생태계의 형성 및 유지는 물의 존재로 가능했으며, 인류의 역사가 물과 더불어 시작되었듯이 인간은 물을 떠나서는 잠시도 살 수 없으며, 또한 인체의 70%가 물이다. 즉, 물은 생명의 근원이자 바로 생명 그 자체라고 말할 수 있다. 사람은 생명활동을 유지하기 위하여 하루에 2ℓ 정도의 물을 섭취해야 하며, 목욕수, 세탁수, 화장실용 등의 생활용수까지 합하면 1일 300ℓ 이상이 필요하다. 농사짓는데 필요한 농업용수, 제품생산 활동 등에 필요한 공업용수 등도 있다. 또한 수중 생태계 보전과 하천의 수질오염의 조절 및 배의 운항 등에 필요한 유지용수(維持用水) 등이 있다. 수자원의 종류는 ① 지표수(地表水, surface water), ② 지하수(地下水, ground water), ③ 대양(ocean), ④ 빙하 등이 있고 물의 자정작용으로는 ① 물리적 자정작용, ② 화학적 자정작용, ③ 생물학적 자정작용이 있다.

5.2.1 수질오염

수질오염이란 물이 천연적으로 가지고 있는 물리적, 화학적, 생물학적 또는 세균학적 특성이 상호 연관된 자연적, 인위적인 요인에 의하여 분화함으로써 물이용 상의 지장을 초래하거나 환경의 변화를 야기하여 수중생물에 영향을 주는 상태로 변화하는 것이다. 좁게는 주로 사람이나 동물의 배설물에 의해 병원성 미생물 또는 기생충 등이 인체에 수인성(waterborne) 감염증을 일으키거나, 공중보건 상 위해를 일으키는 등 수질(water quality)이 악화되는 것을 말하며, 넓게는 자연적 또는 인위적

으로 수중에 부패성 물질, 유독성 물질 및 부유물질 등 물 이외의 이물질이 혼입됨으로써 생활, 농업, 공업, 수산업 등의 용수목적에 맞게 사용할 수 없는 상태를 말한다.

따라서 수질오염이란 크게 두 가지 유형으로 나눌 수 있는데, 첫째 외부에서 유입된 난분해성 인공합성 화합물과 중금속 등이 수환경의 기능을 직, 간접적으로 교란하거나 먹이사슬을 통한 이들의 생물학적 농축으로 심각한 환경 위해요인이 되는 경우와, 둘째 생활하수 등 다량의 영양원을 함유한 유기물이 과량 유입됨으로써 인위적인 부영양화를 유발하고, 이로 인하여 생태계의 균형을 넘어서는 정도까지 내부 생산력이 크게 증가됨으로서 수환경을 변화시키는 경우이다.

1) 수질오염원

수질오염원은 다음 2가지로 나눌 수 있다.

① 점오염원(point source): 오염이 쉽게 확인되는 점오염원(point source)으로서 생활하수, 산업폐수, 축산폐수 등을 들 수 있다. 이들은 자체 정화시설의 설치와 설치된 정화시설의 적정관리를 유도함으로써 오염원의 통제와 관리가 가능하다.

② 비점오염원(nonpoint source); 점오염원에 대한 상대적 개념으로 오염원의 확인이 어렵고 규제 관리가 힘든 비점오염원(nonpoint source) 문제가 차츰 심각한 수질오염의 원인이 되고 있다. 이들 비점오염원으로는 농경지에 뿌려지는 농약, 비료와 각 가정에서 사용하는 합성세제, 도로가에 쌓인 분진(비가 올 경우 하수도에 흘러 들어가 수질오염물질이 된다) 등을 들 수 있다.

2) 수질오염의 영향

수질오염으로 인하여 인체에 미치는 영향으로는 ① 미나마타병, ② 이따이이따이병이 있다. 용수에 미치는 영향으로는 ① 음료수에 미치는 영향, ② 공업용수에 미치는 영향, ③ 농업용수에 미치는 영향이 있고, 수중생태계에 미치는 영향으로는 ① 부영양화 현상, ② 용존산소의 고갈, ③ 적조현상, ④ 생물농축과 먹이사슬, ⑤ 열오염(thermal pollution), ⑥ 침적현상을 들 수 있다.

3) 자정작용

일반적으로 인위적인 간섭의 영향이 적은 자연수계에는 일시적, 국소적으로 대량의 유기물 유입이 있다 하더라도 일정 시간이 경과하면 원래의 상태로 회복되며, 이러한 현상을 수계의 자정작용이라고 한다.

자정작용의 기전으로는,

① 화학적_자정작용: 오염물질의 희석, 하상의 모래층이나 자갈층을 통한 여과 및 침전과 같은 물리적 작용과 공기 중에서 흡수된 산소가 유기물을 산화, 분해할 때 발생하는 이산화탄소가 물의 pH를 상승시켜 수산화물의 생성을 촉진함으로써 자연적으로 응집시키는 것.

② 생물학적_자정작용: 자정작용의 가장 큰 비중을 차지한다. 생물학적 자정작용은 수환경에 존재하는 종속영양 미생물의 활발한 분해작용이 주된 기전이다. 따라서 수환경의 자정능력은 이들 종속영양 미생물의 생육 환경이 되는 온도, 용존산소, pH, 유기물의 농도 등이 중요한 변수가 되며, 자정능력의 범위를 초과하는 오염물질의 유입이 지속될 때 그 환경은 황폐해지게 된다.

5.2.2 해양오염

해양오염은 공장폐수, 생활하수가 주범이고, 기타 유조선 등 선박 등에 의한 유류오염도 포함된다. 해양오염으로 인한 대표적인 것은 적조의 발생이다. 그 원인은 육상의 공장폐수, 생활하수가 연안해역에 유입되기 때문이다. 따라서 해양오염물질 파악, 방지대책이 수립되어야 한다.

1) 해양 오염물질

UN에 의한 해양오염의 정의는 다음과 같다. 즉, "인간에 의한 직접 혹은 간접적인 해양생물에 대한 위해, 인간의 건강에 대한 위해, 어업등의 해양활동에 대한 장해, 해수이용의 품질저하, 그래서 해양 레져의 축소라는 유해한 결과를 초래하는 물질 혹은 에너지의 해양환경에의 도입"이다. 해양오염을 일으키는 대표적인 오염물질은 표 5.1과 같다.

① 수은_카드뮴: 육상에서는 무기물로 이용되어 해양에 투기된 수은은 해양 중에서 유기화되어 메칠수은이 되고 동물의 몸 안에 잔류하여 식물연쇄를 통해 얼마 안 있어 인간의 몸 안에도 축적되어 미나마따병에서 볼 수 있는 심각한 기능장애를 일으킨다. 이와 같이 cadmium도 이따이이따이병과 같은 질병을 일으킨다.

② 비닐_플라스틱: 육상에서 투기된 비닐이나 플라스틱과 같은 자연계에서 분해

표 5.1 해양 오염물질

무기물(無機物): 수은, 카드뮴(cadmium), 비닐, 플라스틱
유기물(有機物): 기름(油), 저층오니(底層汚泥), 영양염(營養鹽),
인공 유기화합물(人工有機化合物): PCB, DDT, BHC, Dioxin, 유기(有機)주석(TBT)
인공 방사성물질(人工放射性物質): cesium, tritium, plutonium, cobalt
온배수(溫排水)

되지 않는 여러 물질은 이료가 되는 해파리와는 달리 이 물질을 먹게 되는 어패류를 질식사시키든지 또는 조장(藻場)을 덮어 해조(海藻)를 고사시키든지 하여 해양생태계(海洋生態系)에 큰 영향을 미친다.

③ 기름: 유조선이나 석유운반대로부터 새어나온 기름은 일부는 증발, 분해되어 버리지만 나머지는 유상액(乳狀液, emulsion) 입자가 되어 해저에 침강하든지 oil ball이 되어 해양 중에 표류한다. 일본 남부의 유조선 ballast에서 나왔다고 생각되는 많은 oil ball이 북서태평양을 표류하고 있다. 대규모적인 사고에 의하여 대량의 기름이 흘러 나온 경우에는 어패류에도 피해가 일어나고 바닷새(海鳥)의 날개에 기름이 붙어 날 수 없게 되며 해저나 해안이 기름막으로 덮혀 많은 benthos에 치명적인 피해를 준다.

④ 저층오니: 대량의 토사유입에 의하여 해수가 탁해지면 광합성(光合成)도 방해를 받고 이와 같은 토사가 해저에 퇴적되면 저서생물 (benthos)에도 영향을 준다.

⑤ 영양염: 질소, 인이라는 영양염으로 구성되는 유기물질은 해양을 부영양화(富榮養化)하여 부유생물을 이상 증식시켜 적조 (赤潮)등을 발생시킨다. 적조는 양식어류나 천연어류에 많은 피해를 준다. 대량의 유기물을 포함한 헤드로(해저오니, 海底汚泥)라 하는 연약한 해서퇴적물은 그 중의 유기물을 분해히는

과정에서 대량의 산소를 소비하므로 해저부근을 무산소화 (無酸素化)시켜 빈산소수괴(貧酸素水塊, oxygen-deficient water mass)나 무산소수괴(無酸素水塊, anoxic water mass)를 만들어 낸다. 빈산소, 무산소수괴는 해저의 저서생물에 큰 영향을 미침과 동시에 바람이 불면 취송류에 의하여 해안의 표층부근으로 부상하는 일도 있다.

⑥ 인공_유기화합물: PCB(폴리염화비닐, polychlorinated biphenyls), DDT, BHC 등 원래 자연환경에 존재하지 않던 인공 유기화합물은 자연환경 내에서는 분해되지 않으므로 유기수은과 같이 해양생물의 몸 안에 축적되어 가네미기름병과 같은 기능장애를 일으킨다.

⑦ 인공_방사성물질: 비키니환초(環礁)의 수폭실험이나 체르노빌 원자력발전소의 사고 등에 의한 인공 방사성물질은 해양생태계에 불균형을 일으키고 인체의 세포에 이상증식을 유발하여 여러 가지 병을 일으킨다.

⑧ 온배수: 발전소로부터의 온배수(溫排水)에 의한 대량의 열은 발전소 근방의 생태계를 변화시킨다.

2) 해양오염의 경로

인류의 여러 가지 활동의 결과로 발생한 오염물질은 여러 경로를 거쳐서 해양에 이르러 해양환경이나 인류에 여러 가지 영향을 미친다(*그림 5.1*). 분뇨나 비료와 같은 유기물질의 대부분은 하천을 경유하여 바다에 이른다. 더욱이 수송장치 등으로부터 유출된 중유와 같이 해안으로부터 직접 바다에 투입되는 오염물질도 있다. 그리고 체르노빌 원자력 발전소로부터의 인공 방사성물질과 같이 대기를 경유하여 바다로 낙하하는 경우도 있다. 또 유조선으로부터의 폐유와 같이 해상에서 직접 투기되는 오염물질도 있다. 이렇게 하여 바다에 들어온 오염물질은 물리적인 이류(移流), 확산(擴散)에 의하여 해양에 퍼져간다. 예를 들면 태평양에 흘러나간 부유쓰레기는 Kuroshio 해류에 실려 동쪽으로 흘러 하와이 근해에 쌓인다. 유기물과 같은 비보존물질은 이와 같은 이류, 확산과정 동안에 박테리아에 의하여 분해되어 무기물로 변하든지, 생체 내에 들어가서 해수의 운동과 별개의 움직임을 보이든지, 아니면 식물연쇄를 통하여 고차의 생물체에 들어가든지 한다. 그리고 여러 화학물질 가운데는 바다의 detritus에 흡착하여 신속히 침강하여 해저에 퇴적하는 것도 있다.

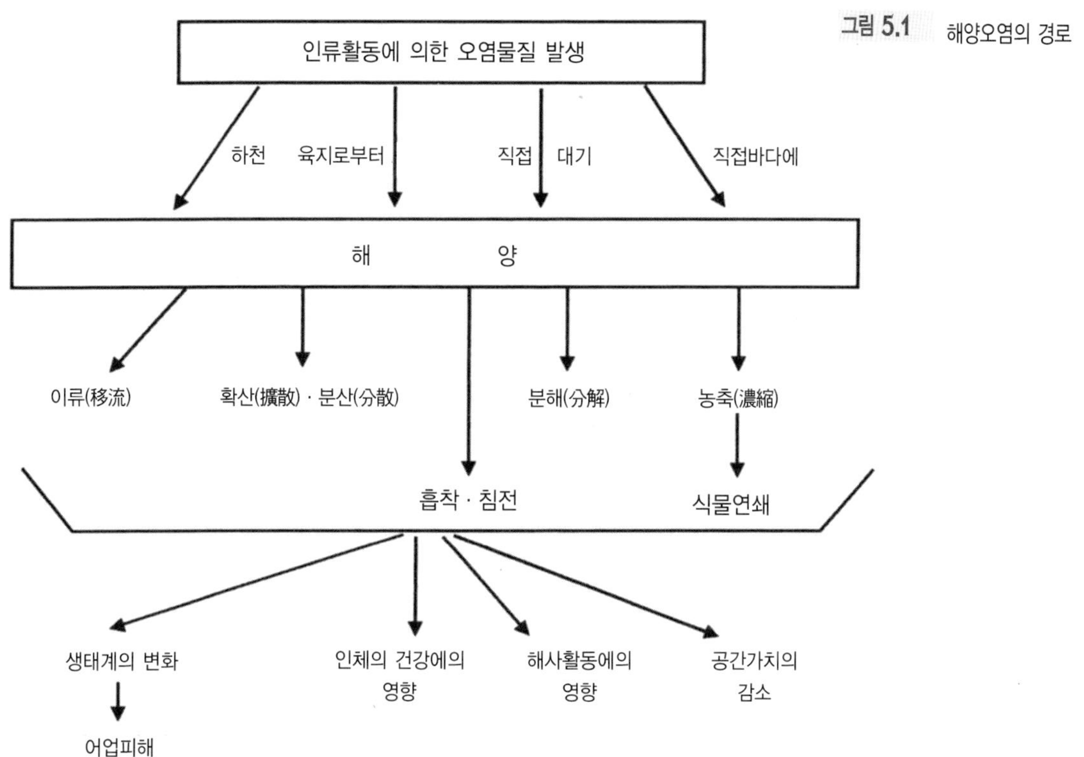

그림 5.1 해양오염의 경로

이러한 경로로 오염물질은 해양에 퍼지는 동안에 어느 개체를 사멸시키든지 때로는 어느 종을 절멸시키든지 하여, 그 결과로 생물상(生物相)을 변화시켜 해양생태계에 중대한 영향을 미친다. 또 해양생태계에의 영향은 어업(漁業)에의 영향, 나아가서 인체 건강에의 직접적인 영향으로 확대되어 인류에도 큰 영향을 미친다. 이와 같은 생태계를 통한 영향 이외에도 항구내의 많은 쓰레기는 선박의 항해를 방해하는 등 해양오염은 해양에서의 활동에 중대한 영향을 미친다. 해수의 오염에 대한 인류의 시각은 예로 해수욕장의 가치를 떨어뜨리는 등 해양의 공간가치를 현저히 감소시킨다.

3) 해양 유류오염

해양 유류오염이란 인간의 활동이나 행위에 의해 유류가 직·간접적으로 바다에 흘러들어가는 것으로, 해양 수질의 저하는 물론 해양 생태계의 파괴를 가져와 인류의 건강을 위협할 수도 있다.

(1) 해양 유류오염 발생원인 및 피해

해양으로의 유류 유입경로는 다양하여 유조선의 해난 사고나 고의적인 폐유 방출, 대기 및 해저로부터의 유입, 드라이 도킹(dry docking) 때의 무단 방류 등이 있다. 이 가운데 선박활동에 기인하는 유류오염이 가장 심각하다.

석유소비와 유류물동량이 급격히 증가함에 따라 해양 유류오염 사고도 증가일로에 있다. 1991년부터 1995년까지 발생한 우리나라 해양오염 사고는 1,583건에 유출량은 28,278kℓ에 이르고 해마다 평균 310건 이상의 유출사고가 발생하였다. 이 중에서 100kℓ 이상의 유류가 유출된 사고는 20건에 이른다. 이와 같은 피해를 계량적으로 본다면 1988년 2월 발생한 영일만 사고에서 어민피해 보상요구액이 150억 원 이상이고 그 외 어자원의 손실, 해양환경을 원상태로 복구시키는 데 필요한 경비 및 시간 등 그 피해는 이루 헤아릴 수 없을 정도로 크다. 해양은 고유의 자정작용과 완충능력을 가지고 있으나, 일단 자정능력의 한계를 넘어 생태계가 파괴될 경우 원상복구가 거의 불가능하거나, 설사 원상회복이 되더라도 그때까지는 막대한 시간과 비용, 노력이 필요하다.

해양에서의 가장 큰 유류 오염원은 일반적으로 생각하는 것과 달리 대형유조선의 사고에 의한 해양 유류오염이 아니다. 사고로 인한 유출은 전체의 13%만을 차지하며 해저에서 새어나오는 원유가 8%, 화물을 싣고 내리거나 탱크를 청소하는 과정에서 고의로 유출하는 것이 32%를 차지하는 등 단순히 유류의 양을 고려했을 때는 그리 심각한 문제가 되지 않을 수도 있다. 그런데 왜 대형 유조선의 사고로 인한 해양 유류오염에 많은 관심이 기울여지고 있을까? 유조선의 원유 유출사고는 국소지역에서 일시적으로 대규모로 일어나 자연정화 능력의 한계를 벗어나기 때문이다. 유조선의 사고는 대부분 연근해의 암초 지역이나 섬이 있는 지역에서 일어난다. 이곳에서 유출된 유류는 조류, 포유류, 어패류 등 해양생물이 다양하게 서식하고 있는 조간대 지역, 즉 해안가로 이동하게 되어 그 일대의 생태계를 파괴시킨다. 또한 방제 비용을 제외하더라도 우리나라 남해안과 같이 어패류 양식장이 많이 있는 곳은 집단 폐사가 발생하여 경제적 손실이 어마어마하게 발생할 수도 있다. 1989년에 발생했던 엑손-발데스호 기름 유출사고로 인해 17년이 지난 지금도 그 후유증은 여전하다. 엑

손-발데스호 유출사고는 세계 다른 지역에서 발생했던 사고들에 비해 유출량은 적지만 해양생태계에 입힌 피해는 가장 컸다. 한 때 해양생물로 가득했던 근해는 바닥까지 죽음의 바다가 되었으며, 희귀 생물 피해액은 약 50억 달러로 추정되었다.

10여 년 전인 1995년 7월 23일 전라남도 여수시 남면 소리도에서 발생된 씨프린스호(144,567t, 유조선, 기름적재 88,381kℓ, 사이프러스 국적) 사고(*사진 5.1*)는 태풍 '페이'의 영향으로 선박이 암초에 좌초되어 적재되어 있던 원유 및 연료유 등 약 5,035kℓ가 유출되어 여수 소리도에서 포항까지 해상 약 230㎞ 및 소리도에서 부산해역까지 약 73㎞를 오염시켜 막대한 어장 · 양식장 피해 및 방제비용을 발생시켰다. 씨프린스호 해양오염사고 이후, 지난 10여년(1995~2004년) 동안 우리나라 연안에서 발생한 오염사고 건수는 3,911건으로 연 평균 390여건이 발생되었다(*그림 5.2*).

사진 5.1 1995년 7월 23일 여수 앞바다 씨프린스호 침몰사고 현장 모습

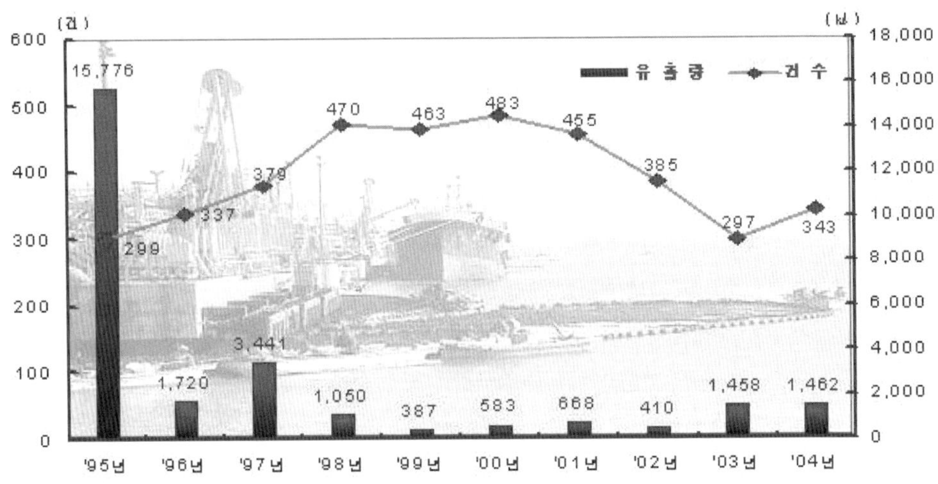

그림 5.2 최근 10년(1995~2004)간 우리나라 연도별 해양오염사고 발생현황

(2) 해양 유류오염의 영향

유출된 기름이 해양생물들에 미치는 영향은 유출사고 초기의 직접적인 생물피해와 사고 후 수개월 또는 수십 년에 걸친 장기적인 생태계 피해로 크게 나누어 볼 수 있다. 바다에 흘러든 유류는 바닷물 표면에 기름막을 형성하여 공기 중의 산소가 바닷물에 녹아드는 것을 막고, 태양광선의 투과를 감소시켜 식물 플랑크톤의 광합성에 지장을 준다. 또 바다표면으로 부터의 수분 증발을 막아 수온을 상승시키기도 하며, 기름과의 접촉으로 아가미를 덮어 어패류의 떼죽음을 일으킨다. 독성이 높은 용해성분에 의해 해양 동물의 기형화 및 죽음을 유발하고, 기름 냄새 등으로 인한 상업적 가치의 손실을 일으킨다. 무엇보다도 연안양식장을 황폐화시켜 어민에게 직접적인 피해를 끼칠 뿐만 아니라 해양 생태계를 파괴하는 것을 들 수가 있다.

또한 장기적인 피해로는, 유출된 유류는 방제 및 정화작업을 통하여 일부분은 제거되지만 난분해성 물질들은 해양환경 안에 오랜 기간 동안 잔류하게 된다. 분해되지 않은 채 30년이나 잔존하는 기름 성분 중 페놀, 벤젠, 톨루엔 등 유독성 물질은 미생물의 체내 조직에 파고들어 먹이 사슬의 경로를 통해 최종 소비자가 되는 인간에게까지도 치명적인 영향을 미치게 된다. 외국의 사고 사례를 살펴보더라도 원유나 연료유의 유출사고 뒤 7~10년이 경과해도 게나 굴 등 갑각류와 패류의 서식지가 회복되지 않는 경우를 쉽게 찾아볼 수 있다.

4) 부영양화

수환경에 대량의 생활하수나 산업폐수가 지속적으로 유입되어 유기물의 농도가 높아지면 이것을 분해하기 위한 종속영양 미생물의 활동으로 용존산소의 농도가 급격하게 감소한다. 수중의 산소결핍은 수생동물의 호흡을 불가능하게 하고, 혐기성 세균의 무기호흡 및 발효대사의 결과로 아민, 황화수소, mercaptan, 지방산 등과 같은 악취를 유발하거나 고등생물에 유해한 독성물질이 형성되어 수자원의 가치가 크게 떨어지게 된다. 수환경에 유기물이 대량 유입됨으로써 발생하는 대표적인 수질오염 현상으로 부영양화 및 적조를 들 수 있다.

부영양화(富榮養化, eutrophication)란 질소, 인 등 영양염의 농도가 낮은 빈영양 상태로부터 농도가 높은 상태로 변해가는 것을 말한다. 바다가 빈영양 상태에서 부영양 상태로 바뀌면 영양염 농도나 유기물 농도가 상승하여 식물성 부유생물의 개체수도 증가한다. 이에 따라 식물성 부유생물을 먹이로 하는 어류 등이 증가하여 그들의 분뇨나 사체를 먹고 생활하는 저서생물(benthos) 뿐만 아니라 그들을 분해하는 박테리아의 개체수도 증가하게 된다. 동시에 바다의 투명도는 감소한다. 이와 같이 생물량의 증가에 의해 해양표층의 용존산소(溶存酸素)는 증가하나 저층에서는 표층에서 낙하한 유기물을 분해하기 위해 산소가 다량으로 소비되어 용존산소(溶存酸素)의 농도는 낮아진다. 부영양화가 더욱 진행되어지면 해양표층에서는 적조(赤潮) 등의 발생에 의해 식물성 부유생물의 종 수가 감소하고 개체수 자체도 감소된다. 동물성 부유생물에도 같은 변화가 일어나는데, 이에 앞서 해저부근에서는 빈산소화가 진행되어 저서생물이 생활할 수 없게 되며 드디어는 생물이 살지 못하는 사해(死海)로 변하게 된다.

5) 적조현상

적조(red tides, harmful algal blooms)란 해양에 서식하는 식물 플랑크톤이 일시에 대량으로 증식되거나 물리적으로 집적되어 바닷물의 색깔을 변화시키는 현상이다. 특히, 해수 속으로 질소(N)와 인(P)등의 영양염류가 과다하게 유입되어 부영양화가 일어나고 해수의 온도가 21~26℃에 이르게 되면(주로 6월 중순에서 9월 하순), 해수 중에 식물 플랑크톤이 대량 증식하여 생태계의 파괴가 일어나게 된다. 주로 부영양화된 해역에서 발생한다는 점에서 담수호의 녹조현상과 그 발생 원리는 같다.

특히 적조는 폐쇄성 내만수역, 각종 배수유입이 많은 곳, 일사량이 풍부하고 안정된 수괴가 형성되는 곳, 바닥에 유기물질이 많이 퇴적된 곳에서 자주 발생한다. 최근에는 수색을 변화시키지 않는 낮은 농도에서도 수산생물 및 사람에게 피해를 주는 적조현상을 유해적조(harmful algal blooms, HABs)라고 부르는 것이 세계적인 추세이다. 적조를 일으키는 생물은 주로 편모조류와 규조류 등과 같은 식물플랑크톤이다. 식물플랑크톤은 주변 환경이 좋아지면 빠른 속도로 분열하는데, 적조생물들이 가지고 있는 색소가 바닷물의 색깔을 변하게 만드는 것이다. 적조생물의 종류는 전 세계적으로 200종이 넘고 우리나라 연안에서 발견되는 적조생물은 약 40여 종이다. 적조는 고대 이집트 시대나 우리나라 삼국시대에도 발생 기록이 있을 만큼 오래된 현상이며 앞으로도 지속될 것으로 예상된다. 이러한 적조는 우리나라를 비롯하여 세계적으로 해양을 끼고 있는 나라의 수산업과 관광산업에 엄청난 피해를 끼치고 있고, 해마다 적조발생 해역과 발생빈도가 증가하고 장기화되는 실정이며, 그 피해액도 급증하고 있다. 이에 많은 나라에서 막대한 재원과 인력을 투입하여 적조현상을 정확히 이해하고, 효과적으로 대처하기 위해 많은 노력을 하고 있다.

(1) 적조발생 원인

우리나라에서는 1960년대부터 시작된 공업입국과 경제발달에 따라 연안수역이 부영양화됨으로써 1980년대 이후부터 적조현상이 자주 발생하게 되었다. 지금까지 적조현상이 왜 발생하는가에 대해서는 많은 연구가 진행되었으나 적조 원인생물이 매우 다양하고 생물의 환경 · 생리 생태학적 특성이 매우 복잡하여 정확한 적조발생 메커니즘이 현재까지 완전하게 규명되지는 않았다. 지금까지의 연구결과 적조현상이 발생하는데 필요한 환경조건으로는,

첫째, 외양과의 해수 교환이 적은 폐쇄성 내만해역과 같이 영양염류 농도가 과다한 지역.

둘째, 육지로부터의 강우와 해저퇴적물 용출에 의하여 적조생물의 성장과 번식에 필요한 영양염류와 성장을 촉진시키는 비타민류, 철, 망간 등의 미량원소가 바닷물 속에 풍부하게 녹아 있는 지역. 특히 영양염류 중, 규산염은 규조류의 증식에, 질산염과 인산염은 편모조류의 증식에 제한인자로 작용하는 경우가 많다.

셋째, 적조생물의 광합성 활동에 필요한 일조량이 충분하고 해수의 온도가 증식에 알맞고 안정된 수괴가 형성되는 지역. 온대지방에서는 해수온도가 15~25℃인 봄철에서 가을철까지 적조가 주로 발생한다.

사진 5.2 대규모 적조가 발생하여 바다가 붉게 변한 모습(왼쪽)과 유해성 적조를 방지하기 위해 바다에 황토를 살포하고 있는 모습(오른쪽)

이와 같이 우리나라의 적조현상은 봄철에서 가을철까지, 특히 고수온기인 여름철에 육지로부터 영양염류와 성장을 촉진하는 물질의 유입량이 많은 곳에서 주로 발생한다. 1995년 764억 원의 수산피해를 끼친 코클로디니움(*Cochlodinium*) 적조는 수질이 부영양화 상태가 되고 광합성 작용에 충분한 일조량과 해수온도가 적조생물의 번식 적수온인 20~25℃을 유지함으로써 장기적으로 발생하였다. 그러나 적조 발생 메카니즘은 다양한 생물학적, 화학적, 물리적 요인이 종합적으로 기인하여 일어나는 것으로 특히, 적조생물의 종에 따라 그 발생 메카니즘에도 많은 차이가 있다. 따라서 적조발생 원인은 생물의 내면적인 생리 생태적 특성, 해양환경의 변동과 해양기상 영향 등 복합적인 요인들의 특성과 이들의 상호관계의 해석에서부터 출발해야 한다.

(2) 적조발생으로 인한 영향

첫째, 적조생물이 대량으로 번식하여 질소, 인 등의 영양염류를 다 써 버리면 일시에 죽어 해저에 가라앉게 된다. 이에 따라 해수 중에 유기물질의 양이 크게 증가하고 세균이 이를 분해하는 과정에서 많은 양의 산소를 소모하게 되어, 해수 순환이 활발하지 않은 여름철에는 바다 밑의 산소가 거의 고갈 상태에 이르게 된다. 이러한 무산소 환경은 어류 및 저서 생물에 치명적인 피해를 주기 때문에 저서 생태계의 파괴뿐만 아니라, 양식장이 밀집된 지역에서는 양식 어패류가 대량 폐사하기도 한다.

둘째, 적조생물은 다량의 점액질을 세포 밖으로 분비하거나 독성물질을 생산하는 종류가 많다. 이러한 점액질이 어패류가 호흡하는 동안 호흡기관에 부착하여 질식시키는 경우가 많다. 특히 독성물질은 인간을 포함한 광범위한 동물에게 신경과 근육 장애, 호흡 장애 등을 일으키고 종류에 따라서는 수 시간 내에 어패류를 치사시킬 수도 있다. 이러한 독성물질이 먹이사슬을 통해 인간에게 유입될 경우 마비성 패류독 등에 감염되기 쉬운데 구토, 시력상실, 경련, 심하면 사망에 이르는 증세를 보인다.

셋째, 적조는 수온이 높고 바람이 세지 않은 늦봄과 여름에 주로 발생하는데, 적조발생으로 바다가 빨갛게 변하고 심한 악취가 나므로 관광산업에 큰 피해를 준다.

● 마비성 패류독(PSP: paralytic shellfish poisoning)

마비성 패류독은 와편모조류의 일종인 알렉산드리움(*Alexandrium*), 피로디니움(*Pyrodinium*), 김노디니움(*Gymnodinium*) 등의 적조생물이 생산하는 독성물질로 이 독에 중독되었을 때는 마비 증세를 나타내므로 마비성 패류독이라 한다. 유독 플랑크톤이 발생할 경우 플랑크톤을 먹이로 하는 이매패류들의 체내에는 PSP가 축적되게 되는데, 패류 자체는 특별한 해가 없으나 사람이 독화된 패류를 섭취하는 경우에는 중독이 되고 심하면 사망에 이르기도 한다. PSP에 의한 중독사고는 1970년 Alaska Sitka 부근에서 홍합을 섭취한 100여명의 사람들이 사망한 사건이 처음 보고된 이후, 세계 도처에서 자주 발생하고 있다. 한국에서도 1986년 3월 부산에서 진주담치를 먹고 11명이 중독되어 2명이 사망하는 사건이 있었으며, 1996년 5월에는 거제도에서 진주담치를 먹고 2명이 사망하고 1명이 의식불명에 이른 사고가 있었다.

(3) 우리나라의 적조발생 상황

우리나라에서 적조에 대한 과학적인 조사는 1960년대 이후 시작되었다. 1961년 진해만에서 적조가 목격된 이래 1970년대 중반까지 주로 진해만 일대 내만에서 무독성의 규조류에 의한 적조가 발생되었다가 곧 소멸되곤 하였으나, 1980년대에는 연안역의 오염이 심화됨에 따라 외만으로 적조가 확산되고 기간도 장기화하는 양상으로 변하였다. 특히 1989년부터는 유해성 적조발생으로 어패류 양식장에서 대규모 수산피해가 발생하기 시작하였다. 1995년 9월 말 남해안에서 발생한 대규모 적조는 동해

안으로 확산되었고 이로 인해 양식 중이던 물고기들이 대량으로 폐사하는 사건이 발생하였으며, 낙동강에서는 남조류의 대발생으로 녹조현상도 나타났다. 적조는 우리나라뿐만 아니라 전 세계적으로 발생지역과 발생횟수가 지속적으로 증가하고 있으며, 최근 미국에서는 맹독성의 와편조모류인 피스테리아 피시스가 확산되어 공포의 대상이 되기도 했다. 우리나라의 경우 1995년 코클로디니움(*Cochlodinium*) 적조로 인해 약 764억의 막대한 경제적 손실을 입게 됨으로서 정부차원에서의 적조 방제 대책이 절실히 요구되게 되었다. 이를 계기로 적조 피해를 최소화하기 위한 종합적인 적조방제 대책 연구가 본격화 되었다.

(4) 적조 피해 방지법

적조의 제어대책으로는 적조의 발생, 그 자체를 방지하기 위한 적조발생 방지대책과 발생된 적조의 피해를 줄이기 위한 적조피해 경감대책으로 크게 구분된다. 적조발생 방지대책으로는 첫째, 적조는 적조생물의 증식에 필요한 물질들이 많이 녹아있는 부영양화된 수역에서 자주 발생하므로, 먼저 어장의 부영양화가 얼마만큼 진행 되었나를 판정하고 부영양수역이라 판정되면, 영양염류나 증식촉진물질을 많이 함유한 산업폐수나 가정하수의 유입을 철저히 규제하고 적정양식으로 자가 오염을 방지하여야 한다. 둘째, 육상과 양식장의 오염물질은 저층에 퇴적되어 부패 분해되면서 용존산소를 소비하고 각종 유독성물질을 생성하므로 이들 저질을 준설하거나, 갈아주거나, 폭기시켜 어장환경을 개선해 주어야 한다.

한편 발생된 적조피해 경감대책으로는 물리 화학적. 생물학적 구제방법이 있다. 첫째, 물리 화학적 구제방법으로는 화학약품 살포법, 가압부상분리 장치에 의한 적조생물 회수법, 초음파처리법, 오존처리법, 황토살포법 등이 있다. 둘째, 생물학적 구제방법에는 식물 플랑크톤인 적조생물을 동물 플랑크톤인 요각류나 섬모충류가 포식하는 방법, 적조생물의 천적 미생물이나 바이러스를 이용하는 방법, 적조생물을 치사시키는 생리활성물질을 해양생물에서 추출, 합성하여 이용하는 방법 등이 최근 활발히 연구되고 있다. 그러나 아직까지 현장적용이 가능한 효과적인 적조 구제방법은 개발되지 않았으며 황토살포에 의한 긴급 구제방법만이 이루어지고 있는 실정이다. 특히, 미생물을 이용한 적조구제 방법이 최근 각광을 받고 있는데 우리나라의 연구진에 의해서도 적조를 죽이는 천적 미생물들이 많이 분리되고, 이들이 내는 생리활성물질의 구조도 밝혀졌다. 이 방법은 대상 적조생물에 대한 특이성이 높고 다른 해양생물에 미치는 영향이 적으므로 2차오염이 없는 자연생태 조화형, 환경친화적 적조구제 기술로서 앞으로 적조구제의 새로운 장을 열 것으로 기대된다. 그러나 무엇보다도 천적미생물을 이용한 적조구제법의 실용화를 위해서는 현장에 응용하기에 앞서 해양생태계에 미치는 영향을 면밀히 조사하는 안전성시험이 선행되어야 할 것이다.

5.3 폐기물 오염과 생태계

폐기물은 경제적 이용가치가 없어 버리는 물질을 총칭한다고 할 수 있다. 폐기물의 문제는 어제, 오늘의 문제가 아니다. 사람이 사는 곳에는 항상 폐기물이 존재한다.

5.3.1 폐기물 관리 정책의 변천

환경오염을 막는 최선의 방법은 ① 3Rs, 즉 소비절약을 통한 발생원 감소(source reduction), 자원의 재이용(reuse) 및 재활용(recycling)을 통한 자원화와, ② 열회수 방식의 폐기물 소각, ③ 철저한 위생매립(sanitary landfill)을 통한 토지의 재이용 등을 동시에 실시하는 폐기물 통합관리 시스템(intergrated solid waste management system)을 적극 추진하는 것이다.

폐기물의 분류는 ① 도시 고형 폐기물, ② 산업 폐기물, ③ 유해 폐기물로 나눈다. 이들 폐기물은 물리적, 화학적 특징을 가진다.

5.4 토양오염과 생태계

토양은 식물을 포함한 여러 생물체들의 성장을 가능하게 하는 중요한 역할을 하는데, 토양의 구성요소인 생물적 요소나 무생물적 요소들이 변화하면 토양 생태계는 파괴될 수 있으며, 토양이 지탱하고 있는 수많은 생물의 종류와 양에 상당한 영향을 미친다. 토양으로 오염물질이 유입되면 1차적으로 물리화학적 및 생물학적 기구를 통하여 오염물질이 감소되는 자정작용이 일어난다. 그러나 토양의 자정능력을 초과하는 오염물질이 유입되면 오염이 발생하게 된다.

토양 오염물질은 제거가 곤란하여 지속적으로 가중되는 축적성이 있으며, 농작물에서부터 시작하여 먹이사슬의 최종 단계까지 도달하는 간접오염의 특성을 가지고 있다. 즉, 토양오염이 발생하면 오염물질은 토양의 물리성과 화학성을 변화시켜서 토양의 질을 저하시키게 된다. 이렇게 저하된 토양의 질은 다시 토양의 생산력을 감소시키면서 동시에 토양의 정상적 기능을 방해한다. 결국 토양오염으로 인하여 그 곳에서 자라는 식물체내에 유해물질이 축적되고, 영양단계를 거치면서 마지막에는 이것을 섭취하는 인간까지 해를 끼치게 된다.

5.4.1 토양 오염물질

토양에는 농약 등의 살충제가 많이 사용되고 있으며 이로 인하여 살충은 되지만 생태계에는 큰 피해를 준다. 특히 살충제, 제초제 등이 많은 문제가 되고 있다. 토양 오염물질에는 ① 농약, ② 하 · 폐수의 슬러지, ③ 과다한 영양물질, ④방사능 물질, ⑤ 대기오염 물질, ⑥ 일반 폐기물 및 특정 폐기물, ⑦ 중금속 등이 있고, 이러한 토양 오염물질로 인하여 토양의 산성화, 토양의 염분량 증가, 중금속 오염의 영향 등이 문제가 된다.

1) 농약

농약은 잡초, 곤충, 식물성 병원체, 거미, 다족류와 같은 절지동물을 구제할 목적으로 사용되는 화합물로서 금세기 들어 사용량이 급격히 증가하였다. 농약이 환경적으로 관심을 끄는 이유는 농약의 분해가 매우 느리게 일어나며, 생물체 내에 들어오면 배설되지 않고 축적되는 특성 때문이다.

식물병원성 진균류의 방제를 위하여 여러 가지 수은 함유 농약을 사용하며, 종자의 발아전이나 직후에 곰팡이에 의한 질병으로부터 씨앗을 보호하기 위하여 씨앗 표면 처리제로서 유기 수은제를 사용함으로써 수은에 의한 농경지의 오염이 이루어져 왔다. 예를 들어, 골프장의 표토에서 24~120 ppm의 수은이 보고되기도 하였다. 이와 같이 여러 가지 목적으로 농경지에 살포된 농약은 토양에 침적되어 토양의 오염을 가속화시킨다.

2) 하 · 폐수의 슬러지

금속을 함유하는 하수 슬러지(sludge)의 살포로 농경지와 농작물은 심각하게 오염될 수 있다. 하수 슬러지는 대개 도시 하수의 2차 처리 산물인데, 질소와 인을 포함하는 고농도의 부식 유기물을 포함하고 있기 때문에 좋은 토양 개선제로 사용될 수도 있다. 이러한 슬러지가 살포된 토양에서 자란 농작물의 조직 내에는 다량의 금속원소가 축적되어 먹이연쇄 과정을 거쳐 직접 및 간접적으로 사람의 체내로 유입되어 건강을 위협하게 된다. 따라서 하수 슬러지가 농토에 살포 처리되기 위해서는 슬러지의 독성원소의 종류와 양의 규제가 이루어져야 하며, 일단 슬러지가 살포된 토양으로부터 생산되는 농작물은 인체 유해여부를 위하여 수시로 측정하는 등의 감독 규정이 있어야 한다.

3) 과다한 영양물질

토양오염을 초래하는 영양물질로는 높은 농도의 질소와 인이 해당된다. 질소는 생물권내 식물과 동물의 중요한 구성성분으로, 질소순환이라는 일련의 생화학적 반응을 통하여 전환되는 특성이 있으며, 대기와 토양 간의 질소 분포는 균형을 이루고 있다. 자연상태에서 토양 내로 질소 유입은 대기에서의 침전, 생물학적 질소고정, 풍화와 분해작용을 통하여 이루어진다. 그러나 인구증가에 따른 현대문명의 도시화와 산업화는 토양 교란을 초래하였으며, 농작물 생산량을 증가시키기 위하여 추가적인 질소 공급이 이루어졌다. 추가적인 질소 공급원으로 대표적인 무기 질소원은 화학비료이며, 유기 질소원은 동물분뇨, 도시하수 슬러지 등이다. 이러한 각종 공급원에 의한 질소유입으로 인하여 자연적인 질소균형이 파괴되고, 지역적으로 질소가 편중됨으로서 질소 과잉문제가 야기되었다. 또한 토양에서 유출된 질소나 인은 하천수나 호수에 유입되어 조류나 수중생물이 급속히 성장하여 용존산소 고갈, 탁도 증가 등의 수질악화를 야기하는 부영양화를 발생시키기도 한다.

4) 중금속

중금속에 의한 토양오염은 광산, 제련소, 화학공장, 금속공장, 전기부품공장 등에서 나오는 산업 폐기물과 납, 바나듐 등을 포함하는 배기가스 이외에도 주석, 아연, 티탄, 바륨, 구리, 수은, 카드뮴, 납 등을 들 수 있다. 화학비료에도 망간이 들어있고, 농약에도 비소, 구리, 주석, 망간, 아연, 수은 등의 유해 중금속이 많이 함유되어 있다. 이들 중금속이 토양에 직접 투기되지 않고 하천에 미량으로 존재한다고 할지라도 관개용수에 의해서 토양에 유입되면서 대부분이 토양에 축적된다.

중금속은 토양생물에 의한 분해작용이 쉽게 이루어지지 않을 뿐만 아니라 불용성이 강하기 때문에 침투수에 쉽게 용탈되지 않는 잔류성의 특성을 보이지만 토양의 산성화는 중금속을 급격히 용해시키게 된다. 용해된 중금속은 농작물에 축적되어 인체에 유입되고, 각종 대사과정을 저해하여 치명적인 피해를 입히게 된다. 중금속으로 인한 질환 중 대표적인 것이 미나마타병과 이타이이타이병이다. 두 질환 모두 일본에서 발견된 것으로 수은과 카드뮴 중독이 그 원인이다.

● 미나마타병

일본 남단 구마모토현의 작은 어촌인 미나마타 마을에서 1953년 괴질이 나타났는데 어업을 주로 하는 이 마을 사람들의 손발이 마비되고, 언어 장애가 나타나고 시야 협착 증상이 나타났다. 한 대학의 끈질긴 연구 결과 미나마타만 근처의 신일본질소 공장에서 배출한 수은이 바다로 흘러가고 이 수은이 미생물에 의해서 유독한 유기 수은으로 변화하고, 바닷물 속의 유기 수은이 어패류를 오염시키고 이를 섭취한 사람에게 독성이 크게 나타나서 73명이 사망했다.

● 이타이이타이병

1955년 일본 도야마현 진즈가와 유역에서 발생한 원인불명의 괴질로 여러 사람들이 뼈가 아프고, 뼈가 잘 부러지는 증세가 생겨 조사한 결과, 아연을 제련하는 광업소가 버린 폐광석에 포함되어 있던 카드뮴이 진즈가와 강으로 흘러들어 강물을 오염시켰고, 이 물을 농업용수로 이용한 농작물이 카드뮴에 심하게 오염되어 이를 먹은 사람들에게 카드뮴 중독이 생긴 것이었다. 통증이 매우 심하다고 하여 '아프다'는 뜻의 이타이이타이병이라는 이름이 붙여졌다.

5.4.2 토양의 산성화

자연적인 토양의 산성화는 토양에 존재하는 Ca, Mg, K 등의 염기성 원소가 식물체 내로 동화되는 비율이 재순환되는 비율보다 높거나 또는 농작물의 수확으로 식물 생체량을 인위적으로 제거함으로써 일어난다. 그러나 최근 들어 더욱 우려되는 토양의 산성화는 인위적인 재순환의 방해에 의한 것으로, 농약의 과다사용과 산업폐기물의 투기, 쓰레기 매립으로 인한 침출수의 누출, 산업화와 자동차 배기가스로부터 유래하는 대기오염에 의한 산성비 등에 의하여 가속화되고 있다.

토양의 산도는 여러 가지 물리화학적 및 생물학적 전환과정에 의하여 영향을 받는데, 산도에 영향을 미치는 요인에는 다음과 같은 것들이 있다.

① 식물 뿌리에 의한 호흡으로 생성되는 H_2CO_3에 의한 pH의 감소
② 식물체에 의한 NH_4^+의 흡수와 H^+의 방출
③ 화학무기 영양생물에 의한 황화합물의 산화과정으로부터의 H^+의 형성 및 대기로부터 황산염의 직접적인 유입
④ SO_4^-와 NO_3^-의 전기화학적 중화에 기여하는 Ca, Mg, K 등 양이온의 용출

⑤ 알루미늄과 같은 금속원자에 의한 이온화와 가수분해

$Al^{3+} + H_2O \rightarrow AlOH^{2+} + H^+$

5.5 환경호르몬과 미생물

환경호르몬이란 내분비교란 화학물질(內分泌攪亂化學物質)로 인간이 광범위하게 이용하고 있는 화학합성물질이 환경에 축적되어 이들이 인간이나, 다양한 동식물의 체내나 조직 내에 침투되어 내분비계(內分泌系)를 비정상적으로 바꾸게 하는 오염물질이다. 대표적으로 DDT 등의 농약, PCB류 등의 공업화학물질, 다이옥신 등의 비의도적 생성물(非意圖的生成物), 합성 여성호르몬으로 사용되는 DES 등의 의약품 등을 들 수 있다. 생물이 이들 물질을 극미량으로 발생초기에 침투 받거나 섭취하거나 장기간 섭취했을 때 내분비계, 면역계, 신경계에 다양한 형태로 이상(異常)이 일어난다.

화학물질에 의한 환경오염과 건강 피해는 1960년대에 이미 시작되었다. 내분비계는 생물이 극미량의 호르몬이라는 물질을 사용하여 생체를 성장시키기도 하고 조절하기도 하는 하나의 물질로 되어 있다. 환경호르몬은 내분비계를 교란시키기 때문에 문제시되고 있는 인공 화학물질이 체내에 들어오면 호르몬이 가지고 있는 정보전달 경로에 이상(異常)형의 정보를 흐르게 하거나 통신방해를 일으켜서 체내의 정상적인 기능을 흩트려 놓는다. 이러한 현상을 호르몬 저해작용이라고 한다. 환경오염물질이 피해를 주는 것은 오래된 사실이다. 다이옥신, 카드뮴은 발암성이나 급성 독성의 경우, 보는 관점에 따라서는 차이는 있으나 실제는 내분비 교란물질이다. 최근에 와서 환경 중 오염물질이 호르몬 작용이나 호르몬 저해작용을 한다는 것을 알게 되었다. 패류, 어류의 자웅의 전환, 조류의 이상한 행동, 포유동물의 생식기 이상(異常) 현상을 들 수 있다. 이러한 현상에서 미생물의 역할은 매우 크다.

5.5.1 내분비계 장애물질이란?

내분비계 장애물질(endocrine disrupting chemicals, EDCs)이란 내분비계의 정상적인 기능을 방해하는 화학물질로서 환경 중 배출된 화학물질이 체내에 유입되어 마치 호르몬처럼 작용한다고 하여 환경호르몬으로 불리기도 한다.

내분비계 장애물질로 알려진 물질의 대부분은 산업용 화학물질이 차지하고 있으며, 그 밖에 에스트로젠 기능약물, 식물에서 생산되는 식물성 에스트로젠 등이 포함된다. 이들 내분비계 장애물질은 생태계 및 인간의 생식기능저하, 기형, 성장장애, 암 등을 유발하는 물질로 추정되고 있으며, 생태계 및 인간의 호르몬계에 영향을 미쳐 전 세계적으로 생물종에 위협이 될 수 있다는 경각심을 일으켜 오존층 파괴, 지구온난화 문제와 함께 세계 3대 환경문제로 등장하였다.

5.5.2. 내분비계 장애물질의 성질

내분비계 장애물질은 일반적으로 합성화학물질로서 물질의 종류에 따라 저해호르몬의 종류 및 저해방법이 각각 다르다. 그러나 수많은 화학물질 중 명확하게 내분비 장애물질로 밝혀진 것은 극히 일부분이며, 대부분의 물질이 잠재적 위험성이 있는 것으로만 알려져 있다. 생체 내에 합성되는 호르몬과 비교하여 내분비계 장애물질의 특성은 다음과 같다.

① 생체호르몬과는 달리 쉽게 분해되지 않고 안정하다.

② 환경 중 및 생체 내에 잔존하며 심지어 수년간 지속되기도 한다.

③ 인체 등 생물체의 지방 및 조직에 농축되는 성질이 있다.

1) 내분비계 장애물질의 종류

현재 내분비계 장애를 일으킬 수 있다고 추정되는 물질로는 각종 산업용 화학물질(원료물질), 살충제 및 제초제 등의 농약류, 유기중금속류, 소각장의 다이옥신류, 식물에 존재하는 식물성 에스트로젠(phytoestrogen) 등의 호르몬 유사물질, DES (diethylstilbestrol)와 같이 의약품으로 사용되는 합성 에스트로젠류 및 기타 식품첨가물 등을 들 수 있다. 현재 세계생태 보전기금(WWF, World wildlife fund) 목록에는 67종의 회학물질이 등재되어 있으며, 일본 후생성에서는 산업용 화학물질, 의약품, 식품첨가물 등의 142종의 물질을 내분비계 장애물질로 분류하고 있다.

내분비계 장애와 관련해 연구결과 및 그 사례가 보고된 대표적 물질로는

① 식품이나 음료수 캔의 코팅물질 등에 사용되는 비스페놀A.

② 과거 농약이나 변압기 절연유로 사용되었으나 현재 사용이 금지된 DDT와 PCB.

③ 소각장에 주로 발생되는 다이옥신류.

④ 합성세제 원료인 알킬페놀.

⑤ 플라스틱 가소제로 이용되는 프탈레이트 에스테르.

⑥ 그밖에 스티로폴이 성분인 스티렌다량체.

등이 내분비계 장애물질로 의심을 받고 있다.

2) 내분비계 장애물질이 인간에 미치는 영향

현재까지 내분비계 장애물질의 인간에 대한 영향 및 영향을 나타낼 수 있는 양에 대해서는 정확히 밝혀져 있지 않지만, 이에 대한 관심은 상당히 높은데 그 이유는 내분비계는 우리 몸을 조절하는 가장 중추적인 역할을 하기 때문이다.

내분비계 장애물질의 차세대 영향을 개연 한 사건으로는 70년대 합성 에스트로젠인 DES(diethylstilbestrol)라는 유산방지제를 복용한 임산부의 2세들에게서 나타났다. 이 약을 복용한 임산부에서는 영향이 나타나진 않았으나 이들의 2세에게서 생식능이 감소되었고, 딸의 경우 자궁기형, 불임, 면역기능 이상이 증가하는 사례가 발생했다. 덴마크에서는 1992년에 과거 50년 동안 남자들의 정자수가 반감되었다는 보고가 있었으며, 일본에서 최근 Tokyo대학 의학부 조사에 따르면 20대 남성 34명의 정액을 조사한 결과, 정자의 농도와 운동성에서 WHO의 기준을 충족시킨 사람은 1명에 불과했다는 사실이 발견되었다. 내분비계 장애물질은 이와 같이 정자수의 급격한 감소 이외에도 정소종양(고환암)이나 요도하열과 같은 기형의 증가를 유발시키며, 여성의 유방암의 증가도 이와 관련된 것으로 보는 경향이 있는데 이를 증명하기 위한 연구는 계속 진행 중이다.

내분비계 장애물질에 대한 인체노출 정도를 연구하기 위해 최근에 가장 주목되는 물질로는 소각장 등에서 배출되는 다이옥신류가 있다. 최근 일본의 후생성과 오비히로 축산대학에서의 연구에 의하면 쓰레기 처리 소각장에 가까울수록 그 지역 주변의 모유나 낙농장 젖소의 우유에서 다이옥신이 고농도로 함유되어 있다는 사실이 1998년 4월 일본에서 발표되어 사회적으로 커다란 파문을 일으킨 적이 있다.

인체에 대한 대부분 내분비계 장애물질에 대한 노출영향은 현재로는 정확히 증명되지는 않았으며, 논란중인 상태이다. 내분비계 장애물질 가운데 기존 연구를 토대로 가장 많이 알려진 외인성 에스트로젠의 잠재적 인체영향을 살펴보면 다음과 같다.

① 여성의 경우: 유방 및 생식기관의 암, 내분열증(endometriosis), 자궁 섬유종(uterine fibroid), 유방의 섬유세포 질환, 골반염증성 질환(pelvic inflammatory disease) 등.

② 남성의 경우: 정자수 감소, 정액 감소, 정자 운동성 감소, 기형정자 발생 증가, 생식기 기형, 정소암, 전립선질환, 기타 생식에 관련된 조직의 이상 등.

연습문제

1. 환경호르몬이란 무엇인가?
2. 대표적인 환경호르몬의 원인물질을 들고 설명하여라.
3. 대기오염과 생태계의 관계를 간단히 설명하여라.
4. 담수의 수질오염과 생태계의 관계를 설명하여라.
5. 토양의 폐기물에는 어떤 것이 있는가?
   대표적인 종을 들고 생태계와의 관계를 적어라.
6. 해양오염의 대표적인 물질과 생태계의 영향에 관하여 적어라.
7. 해양 유류오염에 대하여 설명하고 영향에 대해서도 설명하여라.
8. 적조 발생의 원인과 그 영향에 대하여 설병하시오.
9. 다음 용어에 대하여 간단하게 설명하시오.
   1) 자정작용
   2) 지구 온난화
   3) 산성비
   4) 부영양화
   5) 마비성 패류독

6

생태계에 있어서 미생물의 이용

미생물의 서식처는 다양하다. 다양한 환경 속에 서식하는 미생물들은 각각의 활성을 가지며 서식하고 있다. 이러한 활성의 특징을 이용하여 산업적인 측면에서 이용할 수 있다. 예로서 식품에서 유용한 균을 이용하여 새로운 제품생산이나 버려지는 유기물질을 분해, 처리하는 역할, 석유 및 천연가스의 분해, 미량의 중금속을 이용하는 등 생태적인 측면에서도 미생물의 이용은 대단히 중요하다.

6.1 석유 및 천연가스(메탄)의 생물학적 분해

석유 및 천연가스는 지구상에서 탄소의 중요한 부분을 차지하고 있지는 않으나 자연계내의 지역적인 여건에 따라서는 대단히 중요한 의미를 가질 뿐만 아니라 이 물질이 혐기성 물질의 대사에 의하여 형성되기 때문에 미생물학적인 관점에서 중요하다. 메탄은 절대혐기성균인 메탄생성균에 의해 생성된다.

6.2 비생물성 물질의 분해

비생물성 물질(xenobiotic)이란 자연계에 존재하지 않는 인공적인 합성에 의하여 만들어지는 물질이다. 이러한 물질 중에 자연계에 대량으로 뿌려지고 있는 것으로 살충제(pesticide)를 들 수 있으며, 이들 물질은 흔히 독성 폐기물의 중요한 부분을 이루고 있다. 현재 1,000여 가지의 농약이 화학적인 제조로 개발되어 제초제, 살균제로 이용되고 있다. 이러한 물질들이 생태계에 막대한 영향을 주고 있다. 따라서 이러한 물질을 분해하는 미생물의 역할도 매우 크다.

6.2.1 미생물에 의한 물질 분해

미생물이 물질을 분해하기 위해서는,

① 오염물질 분해와 관련된 미생물수 증가.

② 난분해성 오염물질을 분해할 수 있는 유전정보의 변이 혹은 전이.

③ 오염물질 분해에 관련된 효소생산이 이루어져야 한다.

자연환경에서 미생물이 분해 이용할 수 있는 많은 유기탄소 화합물은 공장이나 생활하수를 통하여 하천이나 연안 해역으로 유입되는 유기용매, 농약 등이 많은 탄소화합물을 함유하고 있다. 이러한 요소들은 미생물의 활성도, 분해능력, 분해속도 등이 물리적, 화학적 조건에 따라 결정된다. 일반적으로 이러한 관계는 유전적 잠재능 또는 고유미생물군집에 의한 적절한 분해유전자의 존재와 발현이나, 생물이용성 또는 미생물세포에 의해 흡수되는 오염물질의 속도에 미치는 제한된 용해도와 흡착에 영향을 주고, 입체적 및 전자적 효과를 포함한 오염물질의 구조, 입체적 효과는 오염물질 분자의 치환기들이 분해효소의 활성부위의 인식을 방해하는 것이다. 전자적 효과는 치환기가 오염물질과 효소활성부위 사이의 상호작용을 전자적으로 방해하는 정도다. 전자적 효과는 분자의 중요한 결합을 끓는데 필요한 에너지를 변화시킬 수 있다. 독성 또는 오염물질의 세포대사에 미치는 저해효과에 영향을 준다. 그러나 일반적으로 균종에 따라서 저해효과도 차이가 있다.

오염물질의 생분해의 경우는 일반적으로 토착미생물의 일정기간 적응 또는 순응 후에 일어나는데, 이 적응 기간은 오염물질의 구조에 따라 달라진다. 토양미생물에 의한 효율적 순환은 자연토양유기물 화학구조가 유사한 유기오염물의 분해 도를 증가시킨다. 반복적인 농약사용 또는 잦은 누출을 통한 오염물질의 사전노출은 적응된 군집 내에 생분해 경로가 유지되는 환경조건을 만들게 된다. 미생물 개체군의 적응은 일반적으로 생분해에 필요한 효소가 유도되고 다음으로 분해미생물의 수가 증가된다(Leahy and Colwell, 1990). 생분해는 적절한 미생물 효소들이 있으면 일어나는 것으로 생각된다. 그러나 생분해과정은 기질이 세포에 흡수되는 단계와 흡수된 물질대사 즉, 분해단계다. 적절한 대사경로가 존재할 경우, 오염물질이 수용액의 형태로 이용될 수 있으면 분해는 빠르게 진행될 수 있다. 그러나 오염물질의 용해도가 낮고 토양입자 또는 침전물에 흡착되어 있으면 오염물질의 생물이용성이 낮아 분해가 제한될 수 있다. 용해도가 낮은 유기물을 이용하여 미생물이 성장하면 수용액에서 화합물을 충분히 이용할 수 없는 문제가 생긴다. 대부분의 미생물은 높은 수분활성도(0.96보다 큰 경우)에서 활발히 대사하며(Atlas and Bartha, 1993), 용해도가 낮은 유기화합물은 분해 미생물과 접촉하기 어렵다. 어떤 화합물이 액체 상태나 고체 상태로 존재할 수 있지만, 어떤 상태이든 물과는 별개(두 가지 相)의 상태를 형성한다. 액상탄화수소는 물 보다 비중이 낮거나 높다. 그러므로 물의 표층 면 위 또는 아래에 분리된 상(相)을 형성한다. 예를 들면 다 염화비페닐(polychorinate biphenyl, PCB)와 같은 염화용매는 물보다 비중이 크다. 따라서 수층 면 보다 아래에 분리된 상을 형성한다. 반면 Benzene 등 석유계 용매들은 수표면 위에 분리 독립된 상을 형성한다. 액상유기물의 미생물 흡수에는 용존 되어있는 유기물을 이용하거나, 유기화합물과 직접접촉 화합물에 부착하여 세포의 구조 또는 세포표면의 소수성에 의하여 매개된다(Zhang and Miller, 1994). 현탁물질 등 유기물질에 직접 부착하여 분해이용하기도 한다. 어떤 미생물들은 생물 계면활성제(biosurfactant) 또는 유화제(emulsifying agent)를 생산하여 흡수율과 생분해율을 증가시킨다. 생물 계면활성제는 탄화수소와 결합하여 미세(micell) 또는 소립자를 형성하여 탄화수소의 수용성을 증가시킨다. 또한 세포 표면의 소수성을 높여 세포와 탄화수소의 부착을 촉진할 수 있어 독립된 기름 층에 잘 부착하게 된다. 이런 작용에 의하여 생물 계면활성제가 있을 경우 생분해성을 증가하게 된다(Herman et al., 1997). 플라스틱, 다핵방향족 탄화수소, 왁스 등 고형 상 유기화합물의 경우 미생물은 기질의 직접접촉을 하거나 용해된 기질을 이용한다. 유기화합물은 토양이나 강이나 연안해역의 퇴적물에 직접 흡착되거나 현탁물질(懸濁物質,detritus) 흡착되기도 한다(Novak et al., 1995). 이러한 경우는 호기성세균 보다는 혐기성세균에 의하여 분해 이용된다. 또한 토양이나 퇴적물 내에는 다양한 산화환원효소의 촉매작용에 의하여 유기물질과 결합하게 된다. 이것을 부식물질(humic substance) 또는 부식물질화(humification) 이라 한다.

6.2.2 난분해성 화학물질의 분해

공업 또는 농업에 사용할 목적으로 화학합성에 의해 만들어진 수 만개 이상의 화합물은 대개 자연계에 존재하지 않았던 새로운 물질이며, 이와 같은 화합물은 대부분이 자연 중에서 쉽게 분해되지 않는 특징을 가지고 있다. 예를 들면 살충제인 DDT의 잔류기간은 3~10년이다.

이들 화합물은 합성세제, 비료, 살충제, 제초제, 용매 등의 성분으로 직접 환경에 유입된다. 최근에 주목받고 있는 환경호르몬(내분비계 교란성 화학물질)은 생물체의 몸 안에 들어가 각종 생체 내 호르몬의 합성, 분비, 수송 등을 방해하는 외래성 물질이며 이들 외래성 물질의 거의 대부분이 난분해성 화학물질이다. 난분해성 화학물질은 분해가 어렵지만 자연 중에서 이들 화학물질을 분해하는 미생물이 많이 발견되었다. 그 중에서도 세균 슈도모나스(*Pseudomonas*)가 가장 효과적인 것으로 알려져 있다.

1) 살충제의 생분해

지난 수십 년 동안 살충제와 제초제의 사용이 급격히 증가되었다. 살충제나 제초제는 주로 phenoxyalkyl carboxylic acid, urea화합물, nitrophenol, 염화유기산, phenyl carbamate 등 여러 형태의 화학제이다. 이중 어떤 것은 토양미생물의 탄소와 에너지원으로 적합하지만 다른 것은 그렇지 못하여 계속 토양에 축적되며 독성을 나타내기도 한다.

미생물에 의해 분해되는 물질은 토양에서 점차 없어지나 미생물에 의해 화학물질이 분해되는 속도는 차이가 많다. 즉, 수 종의 살충제와 제초제를 분해하는 미생물의 능력은 토양의 온도, pH, 통풍 정도, 유기물의 함량 등 환경요인에 따라 달라질 수 있다. 생태계에서 이런 물질들의 소멸은 미생물뿐만 아니라 물질의 기화 및 화학적 자연분해 등에 의해서도 이루어지지만 어떤 종류의 살충제는 10년 이상이나 분해되지 않고 토양 중에 잔존한다. 이런 화합물을 분해하는 미생물에는 박테리아 및 곰팡이류가 있다. 어떤 것은 미생물의 탄소와 에너지원으로 사용되어 CO_2로 완전 산화되나 대부분의 것은 전혀 분해되지 않거나 아니면 주위에 미생물이 사용할 수 있는 에너지원이 있을 때만 서서히 분해된다. 또한 살충제나 제초제가 미생물에 의해 부분분해가 일어나 생성된 물질은 본래의 것보다 강한 독성을 지닐 수도 있다.

미생물에게는 전혀 생소한 인위적으로 합성된, 살충제를 생분해할 수 있는 능력을 지닌 미생물이 있다면 이는 진화학적 입장에서 볼 때 매우 흥미로운 일로, 신생 화합물을 생분해하는 미생물의 출현으로 미생물의 진화속도를 가늠할 수도 있을 것이다. 우리가 지난 수십 년 동안 항생제에 대해 내성을 지닌 plasmid의 진화를 관찰할 수 있었던 것처럼 살충제의 생분해 능력을 지닌 균주의 진화도 plasmid에 발현되는 유전적 변화라 볼 수 있다.

새로운 화학적 합성 살충제가 시장에 나오기 전에 수반되어야 하는 연구 중의 하나는 그 물질의 상대적 생분해성을 시험하는 것으로, 여러 가지 방법이 사용되고 있으나 가장 유용한 것은 소진검사(die-away test)이다. 시험대상 화합물을 자연수나 토양, 하수에 첨가한 후, 자연환경에서 시간에 따른 물질의 농도의 변화를 측정하여 물질의 소진율을 알아내어 생분해 정도를 결정한다. 그러나 미생물의 유전적 및 생리적 적응을 고려해야 하기 때문에 이 물질이 일정 기간 내에 시험환경에서 분해되지 않았다고 생분해가 안 일어난 것이라고 결론지을 수는 없을 것이다. 따라서 여러 가지 자연환경에서 수년에 걸친 적응시험이 필요한 것이다.

6.3 미량금속과 미생물과의 관계

미량금속은 인위적인 영향으로 자연계에 많이 축적된다. 미량금속을 이용하는 미생물, 특히 중금속을 이용하여 세포 내에 축적하는 미생물도 있다. 생체에 필요한 미량금속을 축적하여 먹이연쇄에 대한 이용도를 향상시키는 경우도 있고 자연환경을 정화시키는 경우도 있다.

6.3.1 산성광산 배수(排水)

석탄 및 각종의 금속 광석은 환원 형 조건에서 지질학적 기간 동안 밀폐되어 생성되는 것이다. 석탄은 종종 황철광(FeS2)과 관련되어 있다. 채광활동에 의하여 이러한 물질이 공기 중 사노에 노출되면 자가 산화 및 미생물이 수행하는 철 및 유황산화의 복합작용에 의해 미량의 산이 생성된다. 철분이 풍부한 산성광산 배수는 수중생물을 죽이고 이것으로 오염된 하천은 상수용수(上水用水)나 위락용으로 부적합하게 된다. 일부 산성 광산 배수는 지하광산에 물이 유입되어서 또는 광석찌꺼기 무더기, 광석 및 석탄더미, 석탄을 운반하기 전에 상위 등급의 석탄으로부터 하위 등급의 석탄을 분리하여 쌓아둔 더미 위에 빗물이 흘러내려 생성된다. 지하 탄광의 경우에는 석탄을 파낸 후 빈 자리를 찌꺼기로 메우거나 땅이 가라앉게 한다. 이렇게 하면 한 번에 한정된 양의 석탄만이 산화작용에 노출하게 된다. 이에 비해 오천 광산(strip mining)을 위에서부터 깎아 내리고 多孔性의 석탄 부스러기가 남게 되어 산소와 침투수 (percolating water)에 노출된다. 철과 유황이 산화되는 결과로 pH가 급격히 하강하여 석탄부스러기를 산소로 부터 차단하며 안정된 토양피복이 자리 잡지 못하게 된다. 오천 채광 지역은 대부분의 황화수소염(sulfide)이 산화되어 용탈 될 때까지 산성광산 배수의 생성이 계속 된다. pH가 3.5~4.5범위에는 철세균(*Metallogenium*)이 산화반응을 수행한다. pH가 3.5이하로 되면 호산성 균인 *Thiobacillus*가 번식한다. 이

때 미생물이 산화작용을 하는 것은 자연적인 산화 율 보다 수백 배 높다.

6.3.2 미생물에 의한 질산염의 전화(轉化)

질산염의 환원 및 탈질을 질소 화합물의 정상적 부분이며 각각 질산화 및 질소고정 과정에 균형을 유지시켜준다.

농업에 있어서 질소 비료의 다량이용은 질산염을 크게 증가 시킬 수 있다. 질산염 그 자체는 비교적 무해하지만 미생물에 의한 환원 형 산물은 지역적 및 지구적 오염 문제를 일으킨다. 이러한 이유 때문에 음용수의 질산염은 10ppm을 초과 못하게 한다. 질산염은 혐기성 토양, 저니(底泥, Sediments) 및 수중 환경에서 아질산염으로 환원 될 수 있다. 질산염의 함량이 높은 축축한 시료에서 아질산염이 생성되어 가축에 독성중독을 일으킨 일이 있다. 시금치와 같이 질산염 함량이 높은 채소가 변질되면 사람에게도 아질산염 중독을 일으킬 수 있다.

아질산염은 직접적인 독성 이외도 환경 중에서 또는 식품 속에서 2차 아민류와 반응하여 N-Nitrosoaminer를 형성 한다. 이 반응은 자연적으로 일어날 수 있으며 또는 미생물 효소에 의해 일어날 수 있다.

혐기성 토양과 저니(mud)에서 미생물에 의한 아질산염의 산화가 더 진행되면 암모늄(NH_4^+)으로 되거나 산화질소(NO)를 거쳐 아산화질소(N_2O)및 원소 상태의 질소로 된다. 아산화질소(N_2O)와 N_2는 모두 탈질화의 산물이며 낮은 pH하에서 이들 가스의 방출이 지배적이다. 아산화질소는 대류권까지 상승하여 광분해를 통하여 대기 중의 오존층을 고갈 시키게 된다.

6.3.3 미생물에 의한 메틸화

미생물은 각종 중금속과 Selenium과 비소 같은 비금속에 전이할 수 있다. 메틸화 반응은 이런 원소들의 특성을 증가시키고 생물농축 된다. 현대의 기술은 중금속을 광범위하게 원소 자체 또는 화합물의 형태로 사용한다.

미생물은 이러한 중금속에 작용하며 환경독성 물질로서의 유동성과 잠재성을 초래하게 된다. 금속 수은은 전자 산업과 기계제조업, 전기분해 및 화학 촉매 과정에서 광범위하게 사용되고 있다. 수은염과 phenylmercury화합물은 강력한 항균성을 나타내고 이어 살균제, 소독제 및 부패지연제 등에 사용된다. 암석의 풍화로 인해 자연적으로 유출되어 나오는 수은의 양은 인간 활동 즉, 공장에서 방출되는 양에 비하면 극미량에 속한다. 1950년 일본 미나마타만의 수은중독은 메칠 수은을 포함한 많은 수은 화합물을 함유한 공장폐수가 연안 해역으로 들어와 먹이 연쇄에 의하여 어패류에 농축 되었고 이 어패류를 먹은 주민들이 중추신경에 심각한 장애를 받아 사망하거나 불치병으로 알려진 것이다. 유기수은이 미생물의 분해이용에 따라 무기수은화 되고 미소 생물 등의 먹이연쇄에 의하여 해산물에 축적되게 된다. 일반적으로 50ppm 이상 오염된 해산물을 소비하는 사람은 메틸수은 농도가 축적되어 미나마타병으로 발생한다는 보고다.

자연환경에서 수은의 메틸화과정에서 메탄 생성 균 즉 혐기성 환경인 퇴적물 중에 95%가 환산 염 환원세균(sulfate-reducing bacteria)에 의해서 생긴다.

6.3.4 미생물에 의한 중금속과 방사성물질의 축적

공장폐수나 대기 중의 오염도가 심각해질수록 생태계에 주는 영향은 크다. 중금속의 경우 주석, 코발트, 카드뮴, 니켈, 크롬과 같은 다양한 중금속은 금속합금이나 촉매제로 사용되고 남은 분들이 폐수로 유입되는 것이 일반적인 예가 된다. 즉 채광이나 제련폐광 등이 중금속 오염 문제를 일으킨다. 대부분의 금속은 동식물 및 미소동물, 미생물에 독성을 나타내기도 하고 이용되기도 한다.

또한 방사성핵종들은 핵무기의 실험, 우라늄 채광 및 정제 핵폐기물 방치들에 오염원이다. 미생물은 유기물질을 분해하여 무기화 하는데 이러한 오염물질도 이용되어 생태계의 한 단계인 먹이망의 역할에 관여한다. 토양입자, 퇴적물 중의 중금속도 이러한 먹이망에 의하여 농축시킬 수 있다.

6.4 하수 및 폐수의 미생물학

폐수는 미생물의 역할에 의해 많이 처리되고 있다. 가정하수나 공장폐수는 처리공정을 거치지 않으면 호수나 강, 바다로 유입되어 오염 환경을 야기 시킨다. 특히 강이나 호수는 인간의 식수원이므로 환경오염이 발생하면 식수원에 막대한 피해를 입힌다. 또한 동, 식물의 서식처 등에 막대한 피해를 준다. 이러한 오염원은 처리하지 않으면 안 되는데, 이러한 처리과정에 필수적으로 미생물의 역할이 필요하며 생태계에 아주 큰 영향을 준나.

6.4.1 폐수처리

폐수란 가정용 하수나 공장 하수 등 오염된 물을 말하는데 이는 공중보건, 오락, 경제 그리고 미관 등 여러 가지 이유 때문에 강이나 호수로 직접 버릴 수 없다. 폐수 처리 과정에서 미생물의 역할이 대단히 중요하며, 생 · 지 · 화학적 원리에 근거하여 미생물학적으로 폐수를 처리한다. 물에 섞여있는 원치 않는 오염물들은 우선 제거하든지 무해하게 만들어야 한다. 진흙 입자, 모래 그리고 잔유찌꺼기 무기물들을 기계적 방법이나 화학적 방법으로 제거한다. 그러나 오염물질이 자연에 있는 유기물이라면 미생물 처리를 거쳐야 하는데, 미생물들은 유기물을 산화하여 CO_2로 변화시킨다.

폐수처리 과정에는 병원성 세균을 살균하는 과정도 포함되어, 병원균이 하천이나 상수원에 유입되지 못하도록 한다. 폐수처리는 여러 가지 과정에 의하여 이루어지지만 미생물에 의한 처리는 크게 혐기성 처리와 호기성 처리로 구분된다(*그림 6.1*).

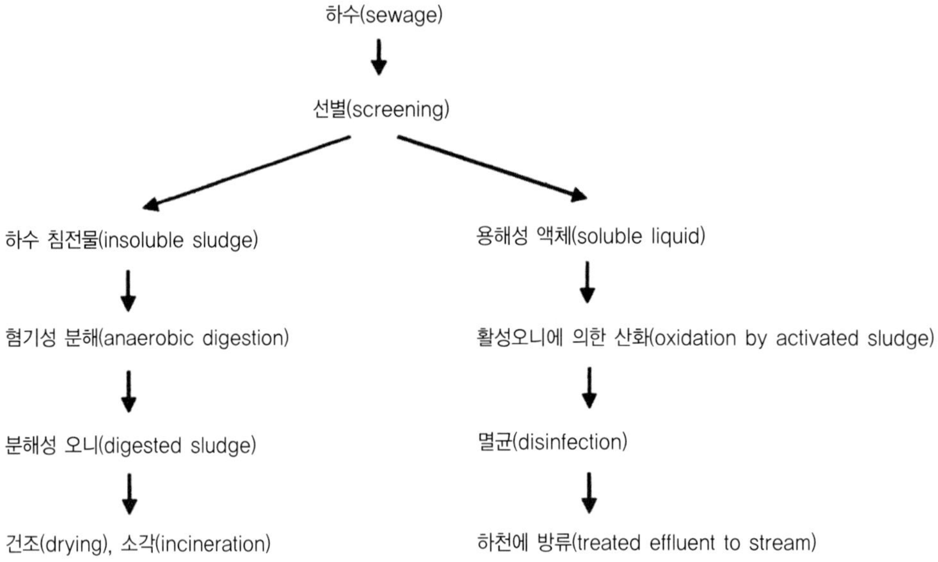

그림 6.1 폐수처리 과정

1) 하수처리 공법

하수처리는 하수 중에 포함된 오염물질의 제거를 목적으로 하며 그 처리방식에 따라 1차 처리, 2차 처리, 3차 처리 및 고도처리 등으로 분류된다.

① 1차 처리는 하수 중에 부유하는 물질이나 침강성 물질을 물리적으로 제거하는 방법으로, 스크리닝 시설과 침전시설 등이 이용되며 대개 하수처리장에서 최초 침전지까지의 공정이 이에 해당한다.

② 2차 처리에서는 화학적 처리와 생물학적 처리 기술을 도입하여 생물학적 처리가 쉽게 될 수 있는 여건을 만들어 주거나 유기물을 처리한다.

③ 3차 처리는 부영양화 원인물질인 질소(N)와 인(P)을 처리하는 기술로서 화학적 및 생물학적 처리기술이 도입되고 있다.

④ 고도처리 기술은 처리수의 수질을 개선하기 위하여 물리, 화학, 생물학적 처리 기술을 이용한다. 고도처리 목적은 청정지역의 공공수역 수질을 확보하거나 처리수를 재이용하기 위하여 도입되고 있다.

보통 도시 하수처리에는 생물학적 2차 처리가 주로 채택되는데, 유입하수를 스크린에 의해 협잡물을 걸러내고 침사지에서 입경 0.2 mm 이상의 모래 또는 무기물을 침전시켜 제거한다.

폐수의 처리는 물리화학적 방법과 생물학적 방법이 있다. 물리화학적 처리 방법을 이용할 경우 비용이 많이 들뿐만이 아니고 처리 후 생성물질을 재 처리해야한다. 생물학적 처리방법은 상당량의 유기물 성분을 이산화탄소의 형태로 분해 안정시키거나 메탄가스의 생산으로 폐수 내 유기물을 제거시킴으로써 생성물질이 적다. 생물학적 처리방법은 주로 미생물로 이용하며 폐수내의 오염물질을 분해, 해독하는 것이다. 미생물은 세균, 균류, 조류, 원생동물 등 다양한 미소동물이 관여한다. 생물학적 처리방법은 도시 생활하수 2차처리, 유기물을 함유한 공장폐수나 생활하수 등 처리하는데, 산소 이용 유무에 따라서 호기성 처리나 혐기성 처리로 나눈다. 호기성 처리는 활성오니법, 살수여상 법, 회전원판 법, 산화지법 등이 있고, 혐기성 처리에는 혐기성 소화조법, 부패조법 등이 있다. 처리법에 따라 세균의 종이나 형성 군집도 다르다. 폐수를 생물학적으로 처리하기 전에 폐수 내에 침전 가능한 물질을 침전시켜 물리적으로 분리하는 과정을 1차 처리라 한다. 이 처리의 목적은 폐수와 같이 유입된 고형물질 또는 침전속도가 빠른 부유 성 물질을 제거하는 것으로 침전 조에서 한 시간에서 세 시간정도 침전시킨다. 1차 처리는 용해된 유기물을 제거하지 못하므로 고형물의 함량과 1차 처리 방법 등 여러 요소에 따라서 유입된 폐수의 20~60%정도 BOD를 제거시킬 수 있으며 일반적으로 도시생활 하수의 경우 40%정도 BOD제거 효율을 보인다. 1차 처리를 거친 폐수는 생물학적 처리방법인 2차 처리를 한다.

폐수처리에서 활성오니법은 폭기조 내에서 공기를 주입시켜 호기적인 조건으로 미생물 등이 유기물을 분해하는 것으로 유기물이 이산화탄소와 물로 분해되고 미생물의 생체가 증가한다. 폐수 내에는 미생물 등이 덩어리(flocculation ,floc.)를 형성하게 되는데 이 덩어리(floc.) 형성에는 점액물질을 분비하는 *Zoogloea ramigera*등의 세균들이 관여하게 되며 폐수 내 각종 유 · 무기물질 등이 floc에 흡착된다. 활성오니법은 유기물이 많은 폐수에 대한 처리 효율이 높아서 90~95%의 BOD제거율을 나타내지만 폐수의 양과 수질의 변화 및 물질에 의하여 영향을 쉽게 알고, 처리 후 발생하는 폐기오니를 재처리해야 하는 어려움도 있다.

혐기적 처리는 혐기적 상태에서 발효대사에 의해 유기물이 완전 산화되지 못하고 유기산 등으로 생성된다. 계속적으로 유기산이 생성되면 pH가 떨어져 적당한 환경 조건이 되면 유기산이 메탄 생성세균에 의해 분해되어 메탄을 생성하게 된다. 따라서 모든 혐기성 처리는 이 단계, 즉 유기산 생성과 메탄 생성으로 이루어진다.

연습문제

1. 메탄가스 생산과정에 관여하는 미생물을 아는 대로 설명하시오.
2. 비생물성 물질이란 무엇이며 어떤 것들이 있는가?
   또한 미생물 생태계에 미치는 영향을 설명하시오.
3. 미량금속과 미생물과의 관계를 예시하여라.
   또한 중금속과 미생물과의 관계를 예시하여라.
4. 하수처리 공정과 미생물의 역할에 관하여 설명하시오.
5. 미생물의 이용과 생태계의 관계를 적어라.
6. 난분해성물질에 대하여 아는 대로 설명하고 생분해에 대해서도 설명하시오.

7

미생물 생태의 연구법

자연환경에서는 한 종만의 미생물이 존재하는 일은 매우 드문 일이며 대부분의 경우 다양한 미생물이 서식하면서 상호작용을 하고 있기 때문에 연구의 목적에 따라 순수분리, 배양할 수 있도록 하여야 한다.

일반적으로 세균의 배양은 분리목적에 적합한 배지를 선택하여야 하며 배지를 사용하여 미생물을 배양하는 것을 집적(농화) 배양법(enrichment culture technique)이라 한다. 현재 생태학적 연구로서는 현장에서 직접 시료를 채취하여 분석하며 미생물을 계수하기도 하고, 분자생물학적 기법이나 현존량을 측정하여 미생물의 양적 분포와 미생물의 역할을 통계 처리하여 분석하기도 한다.

7.1 미생물의 배양법

미생물은 호기적, 혐기적 조건에 따라 배양한다. 배양은 시료 중 살아있는 미생물을 특정한 배양기에 증식시켜 개개의 미생물이 만드는 콜로니(集落, colony), 또는 액체 배양기 등에 의하여 증식을 확인하고, 시료중의 미생물 수를 알려는 데에 있다. 이 방법에는 사용하는 배양기의 조성과 그 때의 배양조건에 따라 증식하는 미생물만을 계수(計數)한다. 즉 얻어진 미생물 수는 시료중의 미생물 군집 중 배양조건에 따라 일부의 균수에 해당되는 것이다. 배양법의 연구목적에 따라서 배지조성이 일부 다를 수도 있고 계수, 분리, 동정도 한다.

미생물군은 고농도의 배지에서 유기영양을 요구하는 군으로 종속영양세균이 있고, 극미량의 영양분이 요구되는 세균군으로 저영양세균이 있다. 또한 배지 중에 암모니아나 아초산의 산화와 energy를 요구하는 초화세균도 있다. 배양법에 따라서는 미생물의 활성능력을 확인할 수도 있다. 연구대상으로 하는 미생물을 분리하고 분리된 균주의 특성, 영양원, 온도 등의 외부적인 조건과 생리, 생화학적 활성 등을 조사한다. 이러한 지식을 통하여 생태계 중에서 개개의 미생물 집단의 역할도 명확하게 알게 된다.

해수나 저니(mud)의 시료로부터 목적 세균을 분리, 동정하고 특징을 조사해 보면, 직접계수법과 배양계수법으로 계산한 세균수는 약 10만 배의 차이가 난다. 직접계수법으로 계수된 균수가 전 생균수는 아니며, 직접법 생균수에 비해서도 그 수는 10~10^{2}의 차이를 보인다.

7.1.1 한천배지 평판법과 희석법

배양계수법에는 고체 배양기를 사용하는 방법과 액체 배양기를 사용하는 방법이 있다. 고체배양기로서는 거의가 한천 배양기가 사용되고, 보통은 이것을 petri dish에 고정시켜(굳혀서) 사용한다. 즉 한천배지 평판법(agar plate method)이다. 한천배지 평판법에는,

1) 시료를 한천배지 평판의 표면에 직접 도말하는 법(surface spread plate method),
2) 시료를 한천 배지와 petri dish 중에 혼합하여 굳어지게 하는 혼석법(混釋法 주입법, pour plate method),
3) Membrane filter(MF)로서 시료 중의 미생물을 여과, 분리하고 MF를 한천 표면에 덮어서 배양하는 것(filter method)이 있다. 이러한 결과는 반드시 일치하지는 않는다.

일반적으로 filter법은 표면도말법보다 균수가 적게 나온다. 그 이유는,

1) 시료 중 세균의 덩어리(塊, clump, flock)가 표면도말법에는 유리 등의 도말봉에 부서져서 다소 펴져 집락을 형성한다.
2) 모세관 현상에 의하여 MF 표면에 물, 영양분 공급이 반드시 충분하게 공급된다고 볼 수 없다.

3) 2)의 경우와 반대로 균체에서 만들어진 대사물질의 확산이 늦어진다.
4) MF의 면적(보통 47 mm 가량)이 표면도말법의 배양기 면적(보통 90~110 mm)보다 작다. 즉, MF의 공(孔, pore size, 0.2~0.45 ㎛)을 통과하는 세균이 있다. 이러한 이유로 표면도말법과 MF에서 세균수의 차이가 보인다.

해양세균에는 고온에 약한 종류가 많다. Zobell(1940)은 해양세균의 약 25%가 30℃, 10분 가온에서 죽고, 40℃, 10분 가온에서는 약 20%만 살아남는다고 보고하였다. 그러나 수온이 낮지 않은 연안해역의 시료에 대해서는 혼합희석법이 표면도말법 보다 높은 경우가 있다. 외양의 중층, 심층의 시료에 대해서도 저온에서 한천배지를 사용하면 혼합희석법은 표면도말법보다 균수가 적으나 MF법 보다는 높은 생균수를 계수할 수 있다.

'단계희석법'은 시료를 멸균 해수 또는 희석수(완충액)로 10진법으로 희석하고, 각각의 희석단계에 시료를 액체배지에 가하여 배양하고, 배지의 혼탁도를 기준(OD 등의 측정)으로 세균의 증식을 판정하는 법이다. 각 희석 단계에 시험관 하나씩의 시료에는 균수의 추정이 불가능하기 때문에 보통은 각 단계별로 3개 또는 5개의 시험관 액체배지에 접종하여 그 결과를 통계적으로 최확수(most probable number, MPN)라 부르는 법으로 계수한다. 이러한 MPN법은 1915년 McCrady에 의해 제창되었고, 그 후 방법개량, 간편법, 통계학적인 기초를 토대로 한 많은 보고서가 나왔다. MPN법은 평판법과 비교하여 많은 손과 기구가 필요하다. 그러나 얻어진 세균수의 추정값의 신뢰한계는 평판법에 비하여 폭이 넓다. Woodward(1957)에 의하면 5개의 시험관법으로 측정 시, 95%의 신뢰한계의 가중평균은 추정값의 24~324%이고, 3개의 시험관법으로 측정 시에는 14~458%의 넓은 측정값(MPN)이 나온다. 다시 MPN법에서 얻어진 추정값은 참값보다 다소 현존량에 가까운 값이 나온다고 이론적으로나 실험적으로 보고되어 있다. 이러한 결점을 가지고 있으나 MPN법은 종종 평판법을 대체하여 사용되었다. MPN법의 이점은 평판배양법과 비교하여 많은 경우 약 1단계 세균수차가 계수된다. 해수세균의 액체배지의 경우가 고체배지에 비하여 표면이 건조되지 않고 효소분압이 낮은 점 등이 유리한 환경이 된다. MPN법은 타 세균의 증식에 의한 저해 또는 한천에 함유된 유해물질의 작용을 억제하는 점도 있다. 해양세균 중에는 평판법만이 아니고 MPN법을 사용하기도 한다. 예로서 황산환원세균은 편성혐기성 균으로 보통 평판배지에는 적용이 힘들고 MPN법으로 계수하는 경우가 많다.

7.2 직접 계수법, 핵산 탐침법 및 기타 방법

현미경으로 해수 중의 세균 군집을 관찰, 계수하는 계수법은 전체균수 계수법으로 알려져 있다. 직접 계수법으로는 세균의 형태, 존재상태, 균체량 등을 알 수가 있다. 또한 일반 배지에서 평판 배양기에 의해 얻어지는 균수보다 1단계 높은 값을 얻는다. 직접계수법은 형광현미경, 주사 전자현미경 등을 통하여 계수한다. 광학현미경에는 에리스로신염색과 배합하여 사용되어 왔으나 약 0.5 ㎛ 이하의 경우 잘 관찰되지 않아서 신뢰성이 떨어진다. 주사 전자현미경은 균의 존재 상태를 보는 데에 아주 우수하고 형광현미경과 거의 동일한 계수치를 얻는다. 그러나 설치비(기기값), 시간 또는 기술적인 이유 등으로 아무나 쉽게 이용할 수는 없다. 현재 가장 넓게 사용되고 있는 형광현미경법은 Hobbie 등(1977)이 고안한 방법이 간단한 표준방법으로 인정되어 널리 이용되고 있다. 이것은 formalin으로 고정시킨 해수시료를 형광색소(acridine orange)로 염색하고, nucleopore filter로 여과한 후 그 여과상에 세균을 관찰 계수하는 방법이다. Acridine orange(A.O.)는 주로 균체의 핵산과 반응하여 결합하고, 형광현미경 하에서 발색한다. DAPI(Porter, K. G. and Y. S. Frig, 1980) 형광색소의 여과배합 염색법은 A.O.와 거의 동일하다. DAPI의 DNA에 대한 특이성은 A.O.보다 밝고, 염색 후 어느 정도 보존이 된다. 세균과 남조류를 구별하는 데에는 A.O.보다 DAPI의 DNA 특이성이 강하다.

7.3 미생물 현존량(biomass)과 측정법

일반적인 현존량은 지구상에 육지(陸地)에서의 현존량 즉 생물 유기체의 총량과, 수계 특히 해양에서의 유기체의 총량을 비교할 수 있다. 육지는 건조중량으로서 180× 10^{10} ton으로 추정된다. 각종 에너지원으로서의 비교를 하기 위해서 탄소량으로 환산하면(석탄 환산 : 건조중량/2.2 = 탄소중량) 약 80×10^{10} ton C로 된다. Biomass의 정확한 평가는 곤란하지만 약 100×10^{10} ton C이라는 양은 세계 연간 에너지 소비(약 1 × 10^{10} ton C)의 약 100배, 또는 세계의 연간 식량 소비의 약 2,000배에 해당하는 양으로 인식된다. 토양중의 현존량에서 유기물 존재량은 상당한 양에 해당된다. 해양에서도 퇴적물(침전물)이 대량으로 계산되지만 충분한 평가는 되어있지 않다.

현재 알려진 석유매장량은 13×10^{10} kℓ, 앞으로 기대되는 양은 16×10^{10} kℓ 이상으로 계산되기 때문에 기술적인 진보에 따라서 천연가스를 생각하여 더욱 많은 현존량을 계산할 수 있다. 석유와 천연가스(CH_2)와 석탄, 대기 중의 CO_2의 총량 및 해양

표면에 용존하는 CO_2의 양 등이 현존량의 변화를 가져다준다.

자연계에서 미생물의 분포와 양상은 biotope의 질, 양적인 면이 다르기 때문에 단일한 방법으로 그 현존량을 측정하는 것은 곤란하기 때문에 시료채취 시 측정과정에서 오차가 발생하기 때문에 동일한 시료에서도 복수방법으로 측정하는 것이 좋다. 해양세균의 크기는 다양하기 때문에 외양의 경우는 작은 경향이 있고, 연안에는 비교적 크기 때문에 충분히 기존 data 등을 이용할 필요가 있다. 연안은 0.5~2.0 ㎛ 범위내의 크기이므로 현존량의 측정에서 세균의 체적은 수 배의 차이가 있으므로 현존량 측정기준은 적당치 않다. 미생물과 현탁물질과의 구별은 판단하기가 어렵다. 식물 plankton의 경우는 chlorophyl-Ⅱ 색소를 지표로 측정하지만 미생물 현존량의 측정은 직접적인 방법으로서 미생물에 있는 특이한 지표물질을 선정, 측정하는 방법을 이용하기도 한다.

해수중의 미생물양의 현존량 표기(지표생물)로서는 현탁물질의 핵산물질 및 ATP를 측정하기도 한다. ATP의 측정은 정제시약이 시판되어 있으며 측정 정도는 향상되고 있다. 특히 각 미생물들의 양에 대한 정보가 있어야 한다. 특히 해수 중의 euphotic zone의 식물 플랑크톤과 세균의 구별이 힘들기 때문에 미생물 생태계의 현존량 파악은 힘들다. 세균량 측정에 무라민산, 지방산 및 리포다당류(lipopolysaccaride, LPS)가 지표물질로서 사용되기도 한다. 무라민산은 남조류 Gram 양성균 세포 중에는 Gram 음성균과 비교하면 500 대 3배 정도로 함유되어 있기 때문에 주로 Gram 음성균으로 서식하고 있는 해양세균량 측정에는 문제가 있다. 지방산에 관해서는 세균에만 가진 고유의 구조를 분석, 검토해야 하며 대량의 시료가 필요하고 지방의 추출에 시간이 걸리기도 한다. LPS는 Gram 음성균의 세포벽에 고유의 물질로서 각 세균 group에도 함량의 변동이 적기 때문에 대부분의 세균이 Gram 음성인 해양세균에 적합한 방법이다. 그러나 이 물질은 일종의 생리활성 물질로서 구조적 변동이 있다. 현재 LPS 정량법은 활성부분을 측정하는 방법이기 때문에 세균주간에 LPS 구조의 차이가 있을 경우에는 측정 정확도는 감소한다. 세균의 각 성장단계에 있어서 LPS 함유량의 변동도 문제점이라 할 수 있다.

7.4 미생물의 생태통계학

미생물의 생태적 해석에 통계적 분석법이 많이 이용된다. 특히 자연환경에서 서식하고 있는 미생물들의 변이성, 이질성 등을 통계분석법으로 이용하고 있다. 통계학을 이용한 자료 분석은 적절하게 사용하면 연구자들 간에도 많이 이용되어질 수 있으나 자료 분석을 지나치게 통계위주로서 한다면 도움이 되지 못한다. 즉 미생물 생태적 분석에 적절한 사용은 많은 연구자들 간의 공감대를 형성할 수 있으나 지나친 통계적 분석은 추리(speculation)만을 발생시킬 수 있다.

1) 데이터 수집 및 설계를 세워서 정리해야 한다.
2) 중심적(중립적)인 경향치를 추정한다.
3) 분산도의 측정 및 가설검정을 한다.
4) 상관관계를 검토한다.
5) 집괴분석(cluster analysis)을 한다.
6) 요인분석(factor analysis)을 한다.

이상에서 생태학적으로 중요시되고 있는 것 중은 상관관계(相關關係)와 집괴분석(集塊分析)을 요약하면 다음과 같다.

7.4.1 상관관계(相關關係)

상관관계를 예를 들면 부모의 머리가 좋으면 자식도 머리가 좋다고 알려져 있다. 이러한 관계를 50명의 부모에 관하여 중학교 1학년 때의 국어성적을 비교해 보니 자식들의 중학교 1학년 국어성적과 관계가 있다는 결과를 얻었다. 이러한 결과를 부모와 자식의 상관관계(相關關係)라 한다. 신생아 체중과 태반의 중량관계를 예를 들면 표 *7.1*과 같다. 신생아 10명의 체중과 태반의 중량의 상관관계를 그림으로 나타내어 보면 *그림7.1*과 같다. 이 그림을 상관도(相關圖) 또는 산포도(散布度)라 한다.

일반적으로 생태학에서 많은 연구가 두 개의 변수들 간의 관계를 결정하려는 것이다. 사용하기에 적합한 상관계수(相關係數)의 선정은 각각의 변수가 표현되는 측정의 척도, 데이터의 분포가 연속적인가 또는 불연속적인가? 분포가 직선적인가 비직선적인가 등의 여부에 달려 있다. 상관계수는 상관분석들의 몇 가지 공통적 특징을 가지고 있다. 상관계수는 -1, 0~1, 0 사이의 값을 가진다. -0.1에 접근하는 상관계수는 역 상관관계를 나타내며, +1.0에 접근하는 상관계수는 정상관계를 나타낸다. 정상관계는 하나의 변수가 증가 할 때 다른 변수도 증가하는 관계를 말한다. 역 상관관계의 하나는 변수가 증가 할 때 다른 변수는 감소하는 관계를 말한다. 상관관계가 0.0인 것은 두 변수들 간에 관계가 없음을 나타낸다. 상관분석 결과는 간단히 상관계수로 나타낼 수 있다. *그림 7.2*는 상관계수와 산관도(산포도)관계를 표시한 것이다. 상관계수 r는 두 변량 x, y의 Cosθ 각을 의미하고 있다. 상관계수 r의 정의표와 r의 표현을 순서대로 다시 정리한 것이다.

7.4.2 집괴분석(集塊分析,Cluster analysis)

이 분석은 상관관계나 유사도 계수의 크기 또는 상호관계에 의하여 변수들을 그룹화 할 수 있는 것이다. 이 분석법은 상관관계 분석법을 연관시켜 미생물 생태학의 분석에 잘 이용한다. 자연서식지에서 미생물 개체군(個體群)들의 분포를 이해하는데 수리분류 적 연구의 기초가 된다. 집괴분석을 하기 위해서는 개체들 간의 관계를 보여주는 상관도 또는 유사도 행열(Similarity matrix)를 작성할 필요가 있다. 비교 균주사이의 유사성(Similarity, S value)를 구하는 식은 여러 가지가 있으나 일반적으로 다음과 같이 간편하게 구한다.

유사도 계수(Similarity coefficient)= $\dfrac{a}{a+b+c}$

짝짓기 계수(Matching coefficient)= $\dfrac{a+d}{a+b+c+d}$

a: 두 비교균주에서 공통으로 나타나는 형질형의 수
b: 한 균주에는 나타나지만 다른 한 균주에는 나타나지 않는 형질의수
c: 한 균주에는 않 나타나지만 다른 한 균주에는 나타나는 형질의수
d: 두 비교균주에 공통으로 나타나지 않는 형질의 수

유사도계수(Similarity coefficient)는 두 균주 모두에서 나타나지 않은 특성(negative)을 고려하지 않고 단지 모두 나타나는 특성(positive)만 고려하는 반면, 짝짓기 계수(Matching coefficient)는 두 균주에서 나타나지 않는 특성과 나타나는 특성을 모두 고려하는 것이 다르다. 이렇게 구한 모든 균주사이의 유사성을 그림으로 나타내고 임의의 유사성을 기준으로 하여 종이나 속으로 구분한다. 일반적으로 유

사성을 횡축으로 하고 실험대상 균주를 종축으로 하여 표시고 종이나 속명을 구분한다.

표 7.1 신생아 체중과 태반중량

No \ 변량	신생아 체 중	태반 중량
1	3840	700
2	3540	680
3	3900	590
4	2920	570
5	3820	630
6	3910	510
7	3300	580
8	2770	640
9	3000	500
10	3900	810

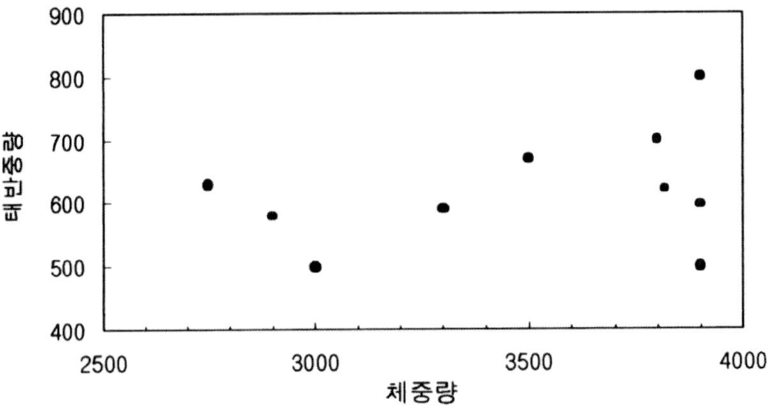

그림 7.1 체중과 태반 중량(1978년)의 산포도

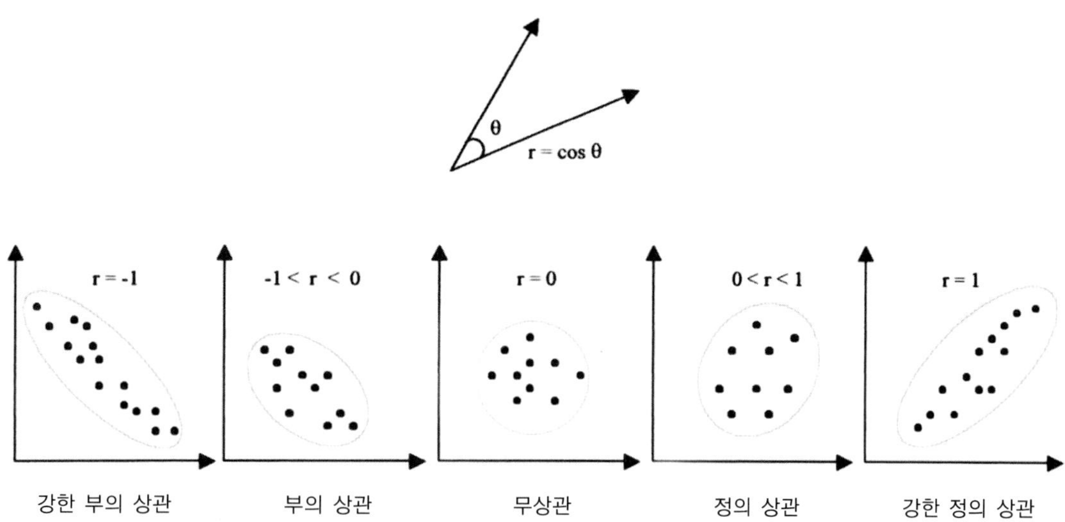

그림 7.2 상관관계와 산포도의 관계

순서 1. 상관관계 r의 정의표

$$r = \frac{(x_1-\bar{x})(y_1-\bar{y})+(x_2-\bar{x})(y_2-\bar{y})+\cdots+(x_N-\bar{x})(y_N-\bar{y})}{\sqrt{(x_1-\bar{x})^2+(x_2-\bar{x})^2+\cdots+(x_N+\bar{x})^2}\ \sqrt{(y_1-\bar{y})^2+(y_2-\bar{y})^2+\cdots+(y_N-\bar{y})^2}}$$

와 같이 되지만 전자 계산할 때는 다음 공식을 이용한다.

이 상관계수 r을 말로 표현하면,

$0 \le r \le 0.2$	⇔	거의 상관관계 없다
$0.2 \le r \le 0.4$	⇔	약간 상관관계 있다
$0.4 \le r \le 0.7$	⇔	상당한 상관관계가 있다
$0.7 \le r \le 1$	⇔	강한 상관관계가 있다

변량 / No	x	y	x^2	y^2	xy
1	x_1	y_1	x_1^2	y_1^2	x_1y_1
2	x_2	y_2	x_2^2	y_2^2	x_2y_2
.	.	.	.	.	.
.	.	.	.	.	.
.	.	.	.	.	.
N	x_n	y_n	x_n^2	y_n^2	x_ny_n
합계	Σx_i	Σy_i	Σx_i^2	Σy_i^2	Σx_iy_i

순서 2. 상관계수를 구한다.

$$r = \frac{N\Sigma x_iy_i - (\Sigma x_i)(\Sigma y_i)}{\sqrt{\{N\Sigma x_i^2 - (\Sigma x_i)^2\}\{N\Sigma y_i^2 - (\Sigma y_i)^2\}}}$$

변량 / No	신생아체중 x	태반 중량 y	x^2	y^2	xy
1	3840	700	14745600	2688000	2688000
2	3540	680	12531600	2407200	2407200
3	3920	590	15366400	2312800	2312800
4	2920	570	8526400	1664400	1664400
5	3820	630	14592400	2406600	2406600
6	3910	510	15288100	1994100	1994100
7	3300	580	10890000	1914000	1914000
8	2770	640	7672900	1772800	1772800
9	3000	500	9000000	1500000	1500000
10	3900	810	15210000	3159000	3159000
합계	34920	6210	1238234000	3934500	21818900

순서 3. 상관계수를 구하면,

$$r = \frac{10 \times 21818900 - 34920 \times 6210}{\sqrt{\{10 \times 123823400 - (34920)^2\}\{10 \times 3934500 - (6210)^2\}}} = 0.3484$$

연습문제

1. 평판배양법과 직접계수법을 설명하고 장단점을 비교하여라.
2. 미생물 현존량(biomass)이란 무엇이며, 측정법의 종류와 그 특징을 적어라.
3. 핵산 탐침법을 설명하여라.
4. 미생물 활성측정법에는 어떤 것이 있는가?
5. 미생물 생태 해석에서 통계처리의 장단점은 무엇인가?
6. 미생물 생태 분석에서의 상관관계를 예로써 설명하여라.
7. 집괴(집단, cluster analysis)를 분석하는 방법과 예를 들어라.

참고문헌

1. Microbial Ecology(Fundamentals and Applications)
- Ronald M. Atlas and Richard Bartha(3th edition, 1993)
- The Benjamin / Cummings pub.

2. Microbial Ecology(Basic microbiology, Vol. 5)
- R. Campbell(1983)
- Blackwell Scientific pub.

3. 微生物 生態學 I(微生物個　群の 變動 および 相互作用)
- 須藤隆一編(1986)
- 共立出版 株式會社

4. 微生物 生態學 II(生態　の 微生物)
- 淸水潮 編(1985)
- 共立出版 株式會社

5. Aquatic microbiology
- G. Rheinheimer
- Wiley & sons(1992)

6. 微生物科學(4. 生態)
- 柳田 友道
- 學會 出版 Center(1984)

7. すぐわかる統計解析
- 石村貞夫
- 東京圖書 (1993)

8. 김동원, 이원재. 1993. 해양미생물과 식물플랑크톤의 상호관계. 한국수산학회. 26(5). 446-457.

9. Maeda M., W. J. Lee and N. Taga. 1983. Distribution of lipopolysaccharide, an indicator of bacterial biomass, in subtropical arear of sea. Marine Biology. 76. 257-262.

10. Kang C. K., H. Y. Park, M. C. Kim and W. J. Lee. 2006. Use of marine yeasts as an available diet for mass cultures of Moina macrocopa. Aquaculture Research. 37. 1227-1237.

11. 海洋生物の連鎖
- 木暮一啓編
- 東京大學出版會(2006)

12. 土の微生物
- 土壤微生物研究會編
- 博友社(1994)

색인

INDEX

INDEX